“十三五”普通高等教育本科规划教材

（第二版）

土木工程制图习题集

主　编　纪　花
副主编　程晓新
编　写　邵文明　吕苏华

中国电力出版社
CHINA ELECTRIC POWER PRESS

内 容 提 要

本习题集与“十三五”普通高等教育本科规划教材《土木工程制图（第二版）》配套使用。本习题集是根据教育部工程图学教学指导委员会2010年5月制定的“普通高等院校工程图学课程教学基本要求”、最新国家标准和规范，以及编者多年来的教学和教改实践经验的基础上编写而成。内容包括制图的基本知识，点、直线和平面的投影，立体及其表面交线，轴测投影图，组合体及构型设计，工程形体的表达方法，阴影、透视投影，标高投影，建筑施工图，结构施工图，路桥工程图，水利工程图。

本习题集可作为普通高等院校土建类、水利类及相关专业工程制图课程的教材，也可作为其他类型院校相关专业师生、工程技术人员及自学读者的参考用书。

图书在版编目（CIP）数据

土木工程制图习题集/纪花主编. —2版. —北京：中国电力出版社，2016.12（2019.8重印）
“十三五”普通高等教育本科规划教材
ISBN 978-7-5123-9743-9

Ⅰ.①土…　Ⅱ.①纪…　Ⅲ.①土木工程-建筑制图-高等学校-习题集　Ⅳ.①TU204-44

中国版本图书馆CIP数据核字（2016）第211024号

土木工程制图习题集（第二版）

中国电力出版社出版、发行　　三河市航远印刷有限公司印刷　　各地新华书店经售
（北京市东城区北京站西街19号　100005　http://www.cepp.sgcc.com.cn）
2013年8月第一版　　2016年12月第二版　　2019年8月北京第7次印刷
787毫米×1092毫米　横16开本　7.75印张　181千字　　定价 **26.00** 元

前　言

本习题集与“十三五”普通高等教育本科规划教材《土木工程制图（第二版）》配套使用。

本习题集具有如下特点：

1. 注重培养学生的工程素质和实践技能，形式多样的习题和贴近工程实际应用的典型实例，有助于培养和提高学生的空间思维能力和形象思维能力，全面提高学生的综合素质，使学生具有初步的工程设计意识，且习题与教材内容相匹配，编排顺序一致。

2. 在继承传统制图内容的基础上，强化了徒手绘图和构型思考的题型，以拓展学生的空间思维，增强学生在形体设计中的创新意识，为培养学生的创新能力和投影表达能力奠定良好的基础。

3. 题量适中，覆盖面广。各章在保证本课程教学基本要求的前提下，均有不同难度的习题，可满足不同专业、不同学时的教学和练习要求。

4. 附有《土木工程制图习题与解答》系统。该系统包含习题、习题答案，并对典型习题编制了求解过程和动画演示，以利于读者自主学习。

本习题集由长春工程学院纪花主编，编写分工如下：第 1、2 章由程晓新编写，第 3、6、10、11 章由纪花编写，第 4、8、12 章由刘玉杰编写，第 5 章由吕苏华编写，第 7、9 章由邵文明编写，参加编写和绘图工作的还有王隶梓、张志俊和梁志毅老师，在此一并感谢。

本习题集在编写过程中参考了国内一些相关著作和同类习题集，在此特向有关作者表示衷心的感谢！

限于编者水平，书中难免存在不足和疏漏之处，敬请广大同仁和读者批评指正。

编　者

2016 年 9 月

目　录

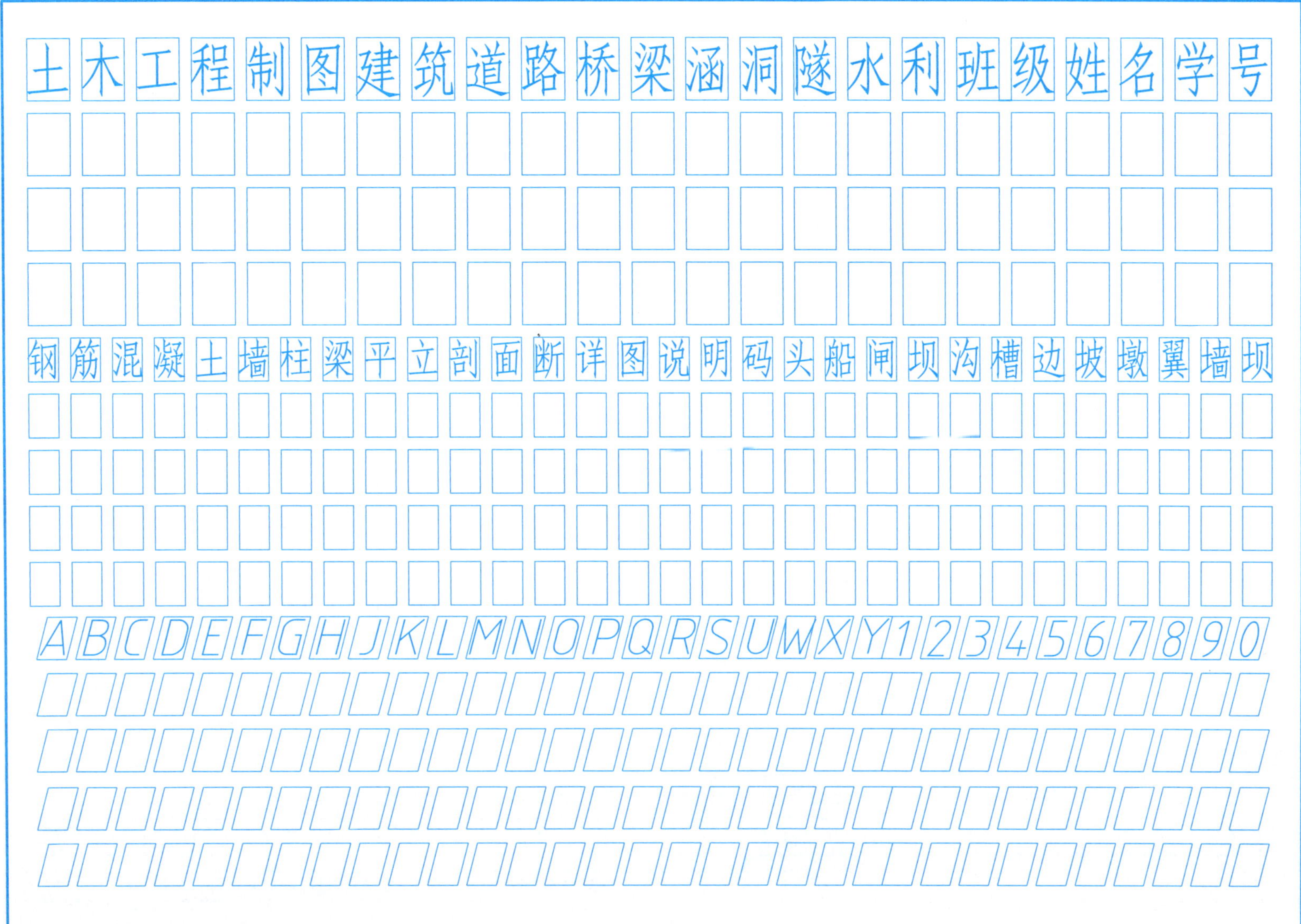
土木工程制图建筑道路桥梁涵洞隧水利班级姓名学号
钢筋混凝土墙柱梁平立剖面断详图说明码头船闸坝沟槽边坡墩翼墙坝
ABCDEFGHJKLMNOPQRSUWXY1234567890

1-1 字体练习（二）

班级　　姓名　　学号

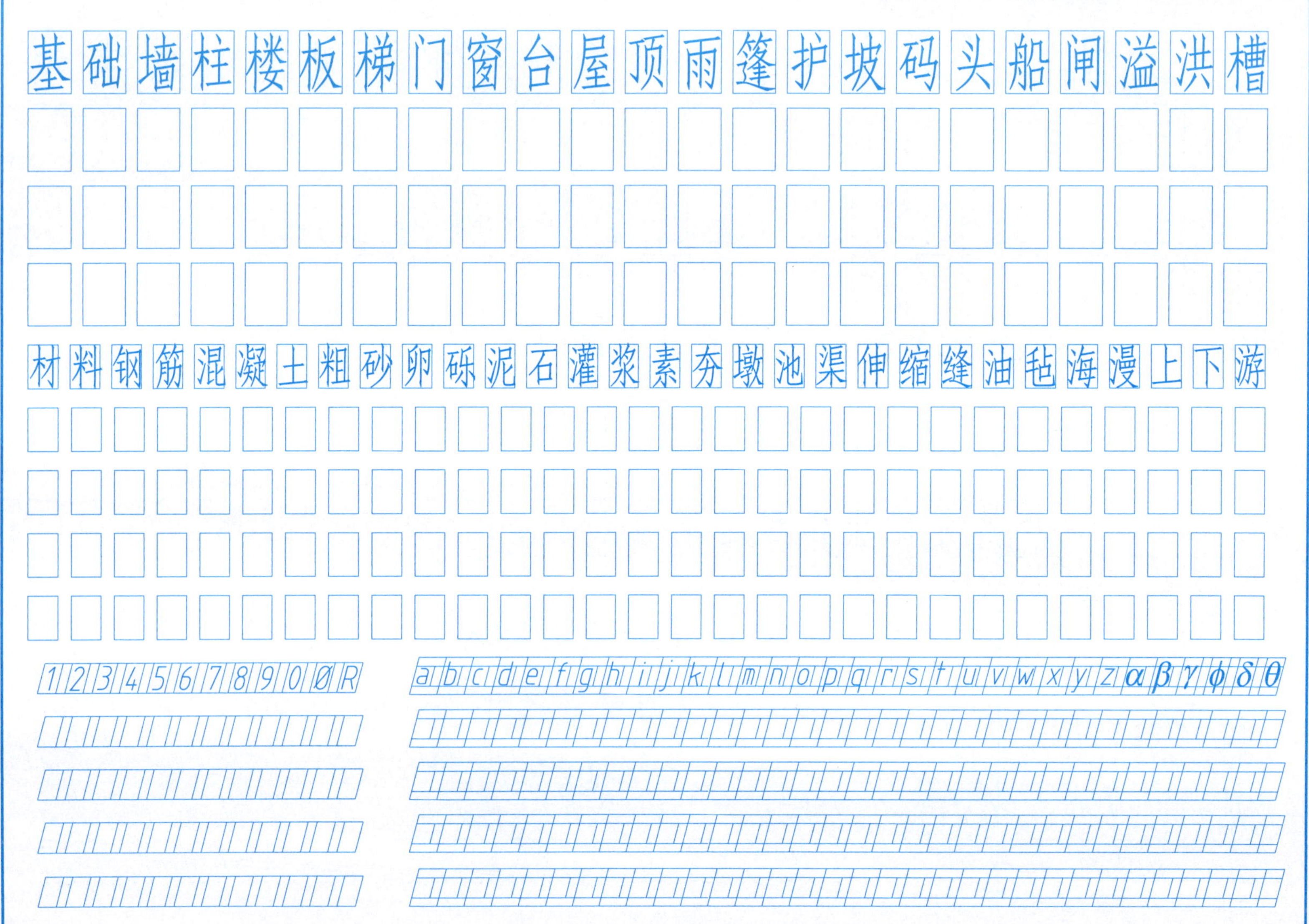

1. 在指定位置画出给定图形，要求线型粗细分明，图线交接正确（尺寸从图中量取）。

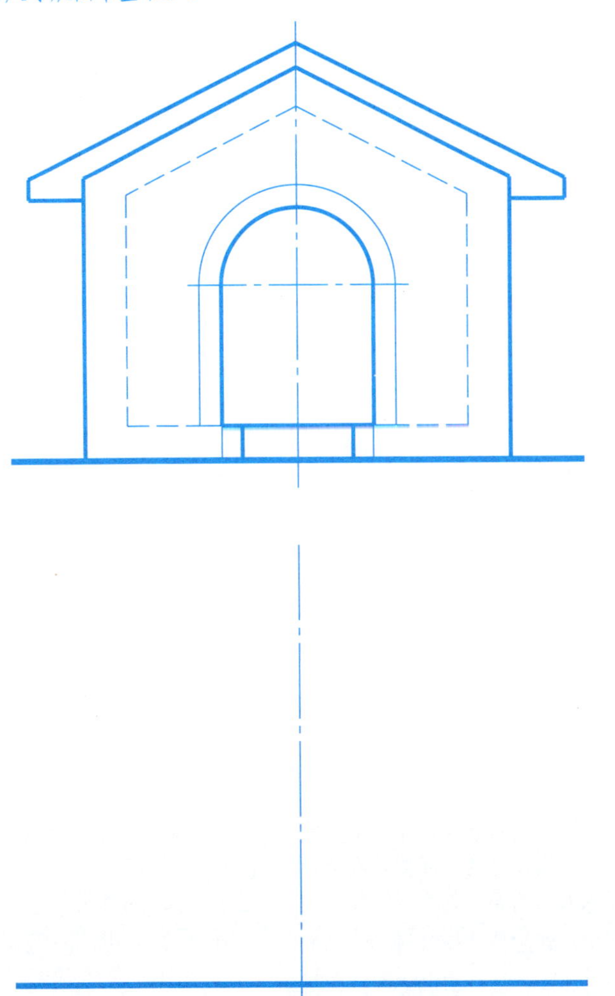

2. 检查图中尺寸注法是否正确，如有错误将正确的注法标注在下图中。

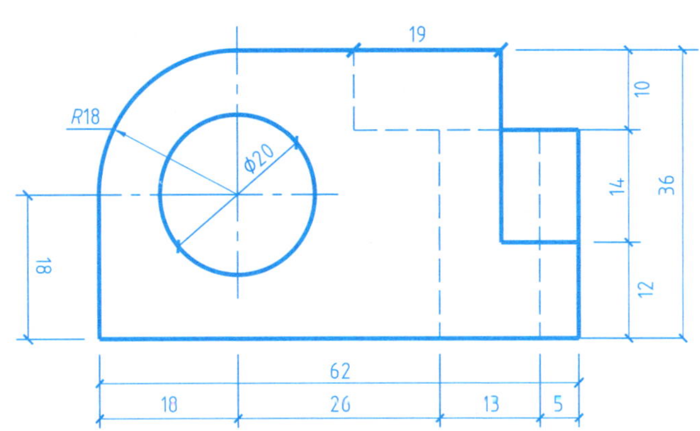

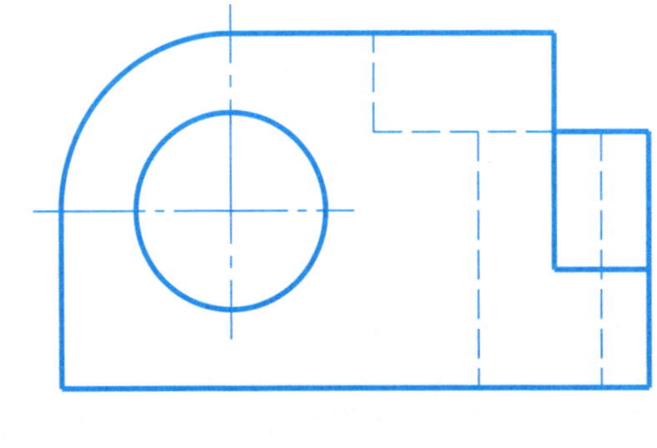

1. 在下面两圆内分别作出正六边形和五角星。

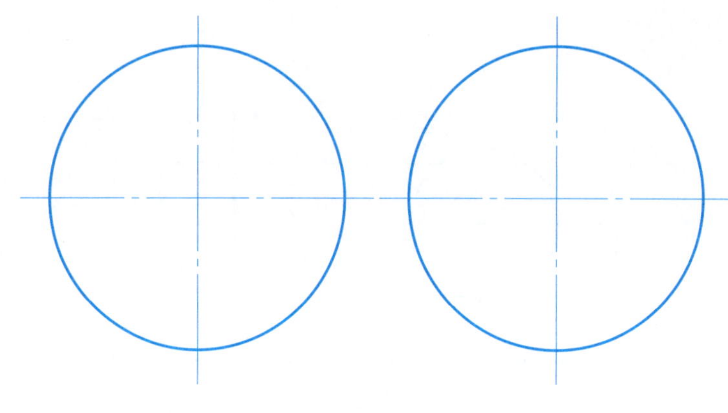

2. 用四心法绘制水平放置的长轴为70、短轴为50的椭圆。

尺规绘图 绘图指导

一、目的

（1）熟悉并遵守制图标准的有关规定。
（2）掌握正确使用绘图工具和仪器的方法。
（3）掌握几何作图方法，学会分析和标注平面图形的尺寸。

二、图名、图幅、比例与图号

（1）图名：几何作图。
（2）图幅：A3。
（3）比例：按所选图样自行确定比例。
（4）图号：01、02。

三、内容

抄绘本习题集第5~7页（根据专业选择）的图形。

四、要求

（1）布图匀称，作图准确，粗细分明，同种线型宽度一致，字体端正，图面整洁。
（2）在底稿图上，所有与其他图线相连接的圆弧，都要标明圆心和切点的位置。
（3）直线和曲线的线宽必须做到粗细一致，建议粗实线线宽约为0.7mm，中实线和虚线线宽约为0.35mm，细实线、点画线、尺寸线、尺寸界线线宽约为0.18mm。
（4）汉字采用长仿宋体7号或5号，数字用3.5号或2.5号。

五、说明

（1）每一图样必须完整地标注尺寸，第一道尺寸距图样最外轮廓线为10~15mm，每道尺寸线之间的距离为7~10mm，且保持一致。
（2）材料图例中的斜线均为45°细实线，间距3~5mm，材料图例线可不画底稿线，在加深图线之前一次完成，混凝土图例中的三角形为封闭三角形。
（3）加深图线时，应先画圆弧，后画直线。

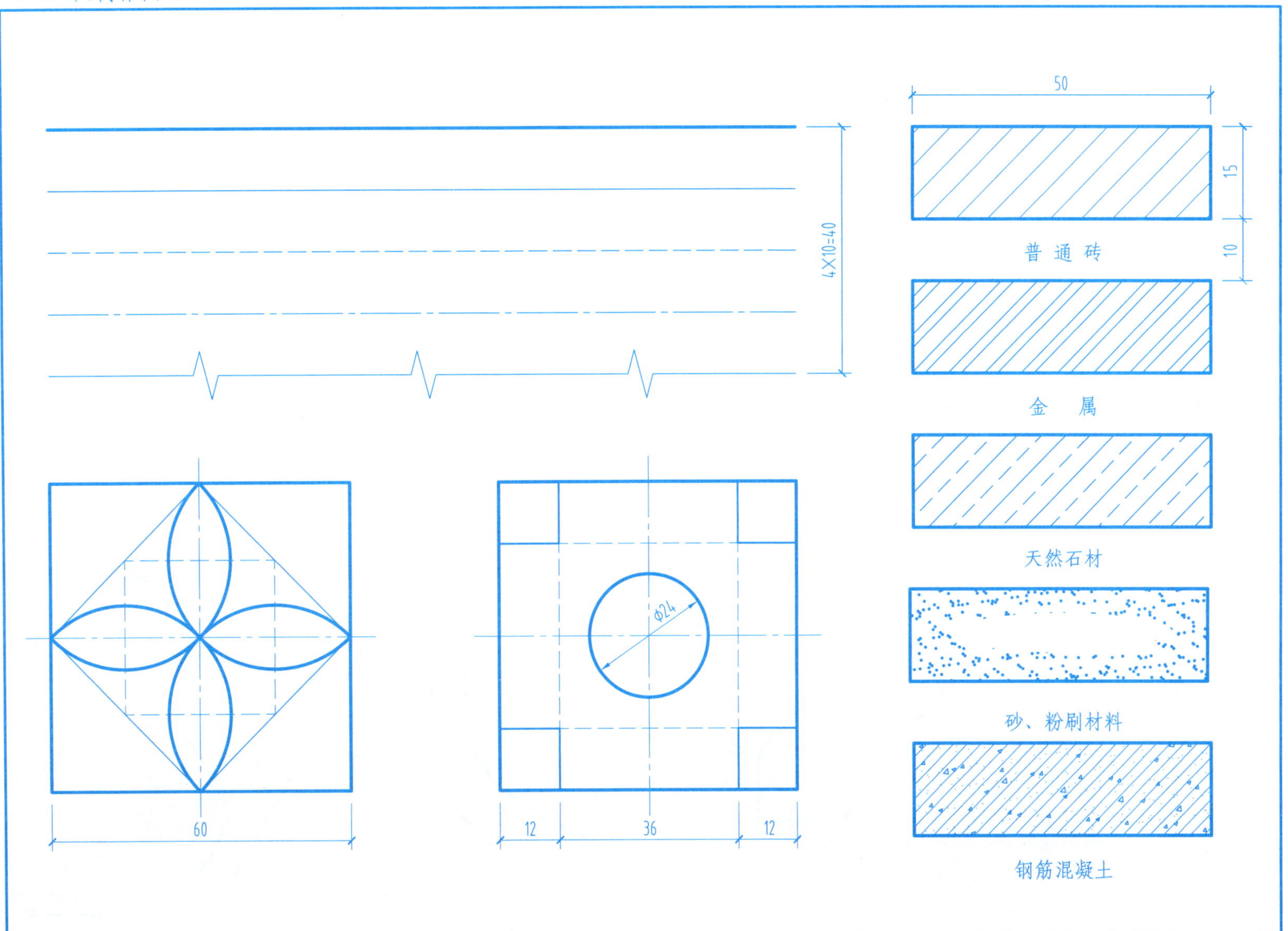
50
15
10
4X10=40
普 通 砖
金 属
天然石材
砂、粉刷材料
钢筋混凝土
60
Φ24
12
36
12

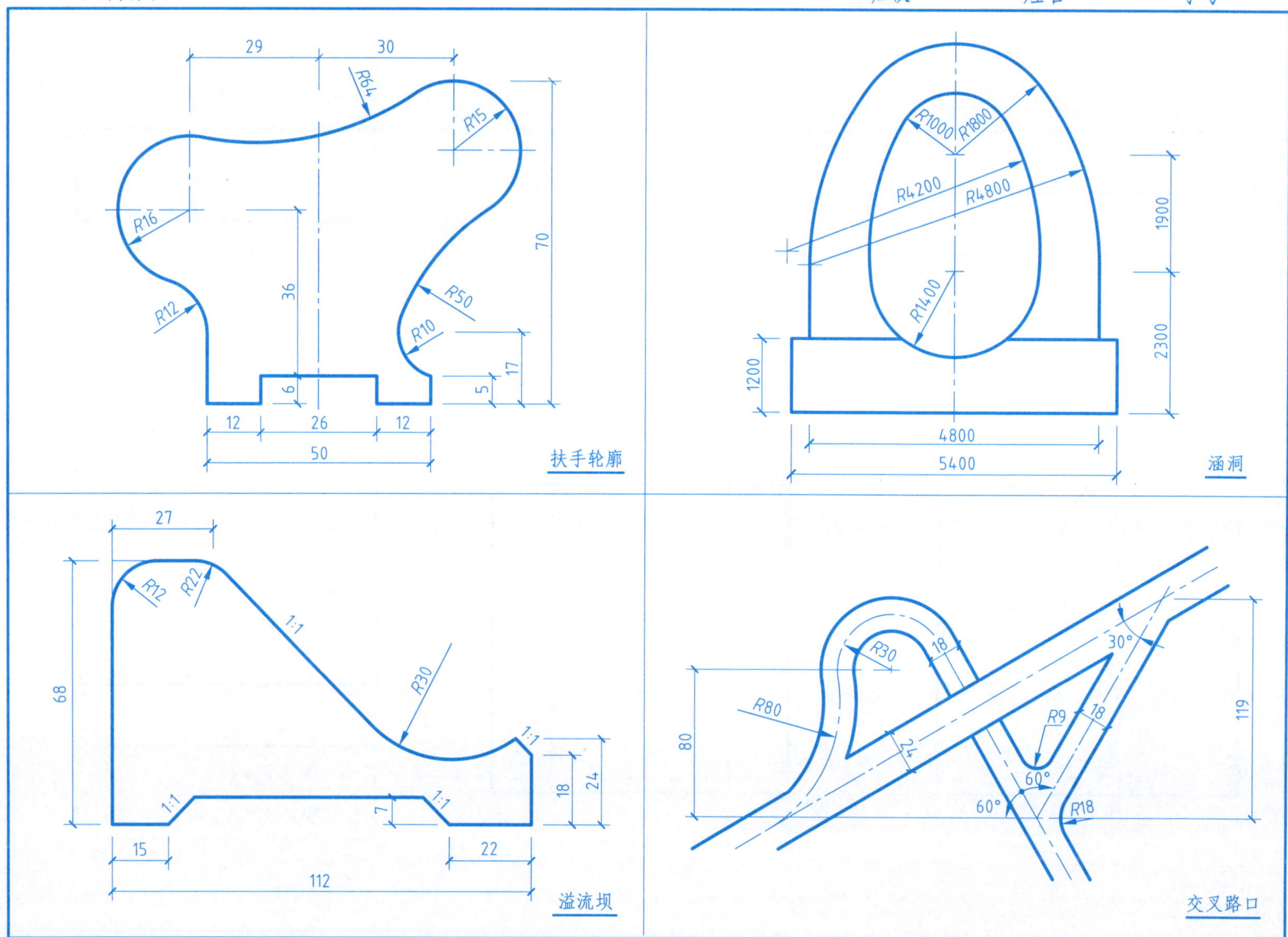
29
30
R64
R15
R16
70
36
R50
R12
R10
17
5
6
12
26
12
50
扶手轮廓
R1000
R1800
R4200
R4800
1900
R1400
2300
1200
4800
5400
涵洞
27
R12
R22
1:1
R30
68
1:1
18
24
1:1
1:1
7
15
22
112
溢流坝
30°
R30
18
R80
R9
18
80
24
119
60°
60°
R18
交叉路口

班级　　　　姓名　　　　学号

涵洞 1:20
R625
R975
30°
400
1400
700
350
4:1
900
3050
3310
房屋平面图 1:100
240
240×240
900
5700
1500
120
7440
7040
3400
1100
1200
1000
500
460
360
基础平面图 1:10
60
480
120
450
70
240
1000
高速公路 1:50
1500
400
1000
R4000
Φ2400
R300
R1800
6740

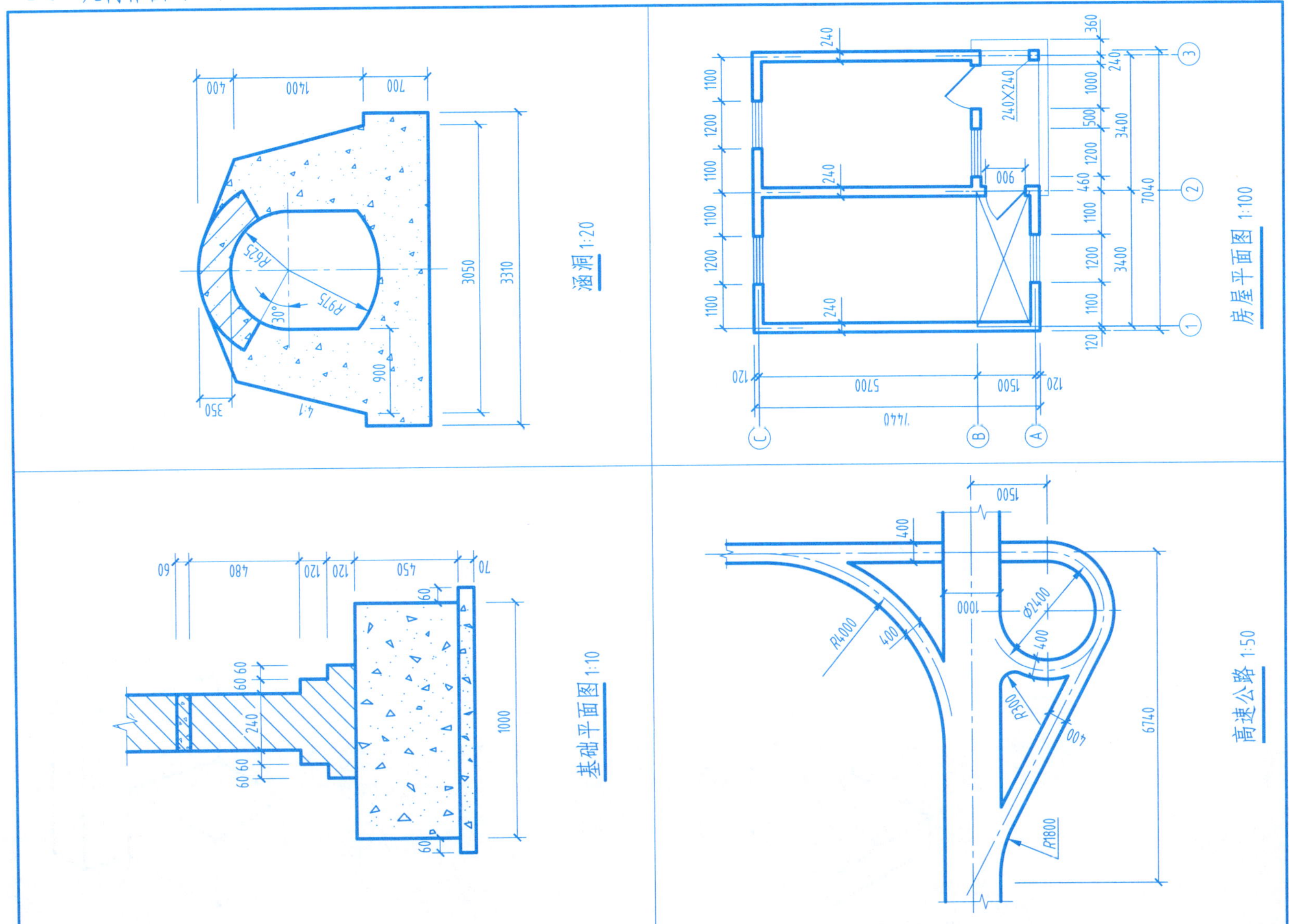

1. 根据形体的直观图绘制其三面投影图。

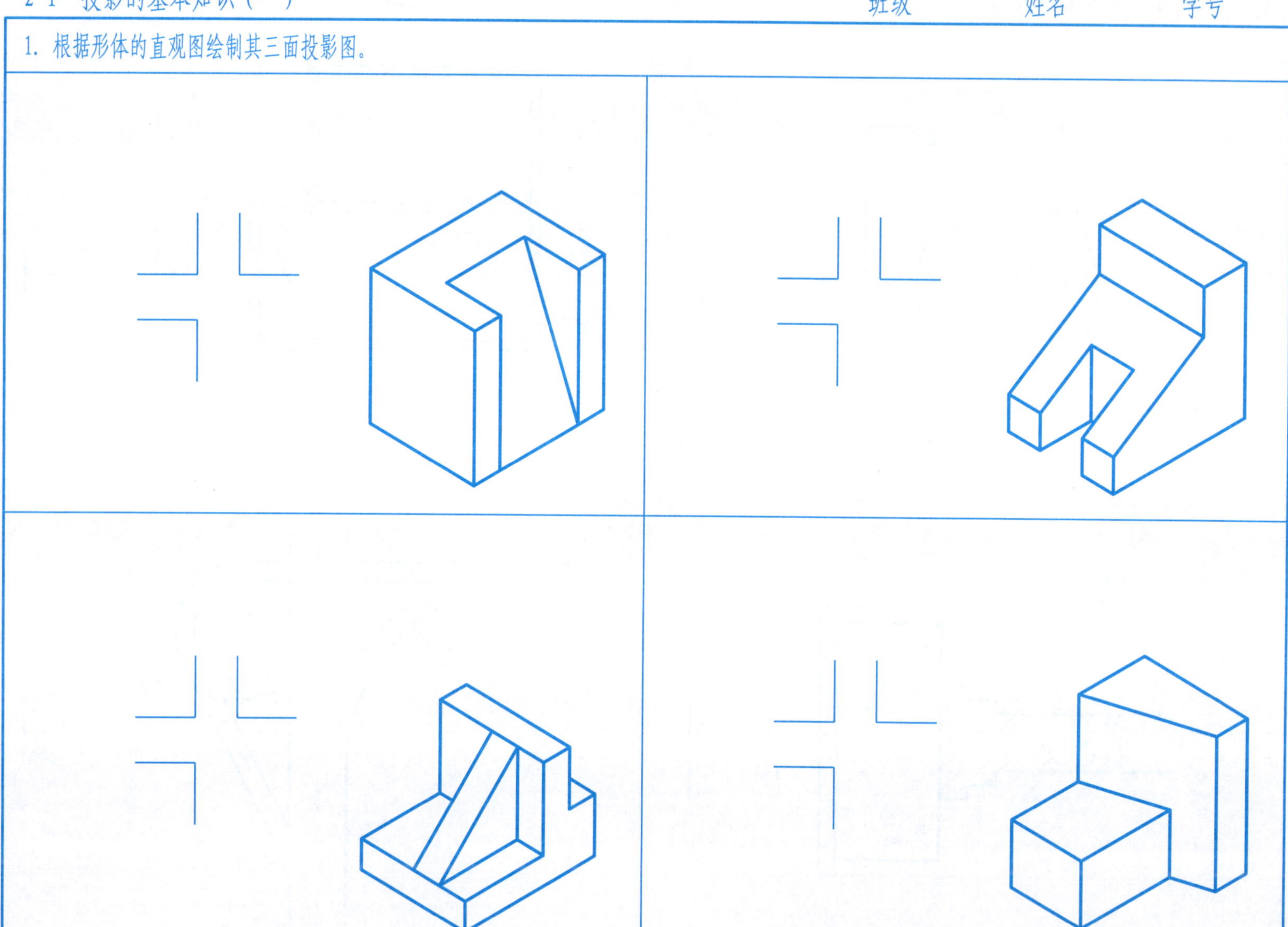

2. 找出投影图对应的直观图，填入对应的序号，并根据已给出的投影图画出所缺的第三投影图。

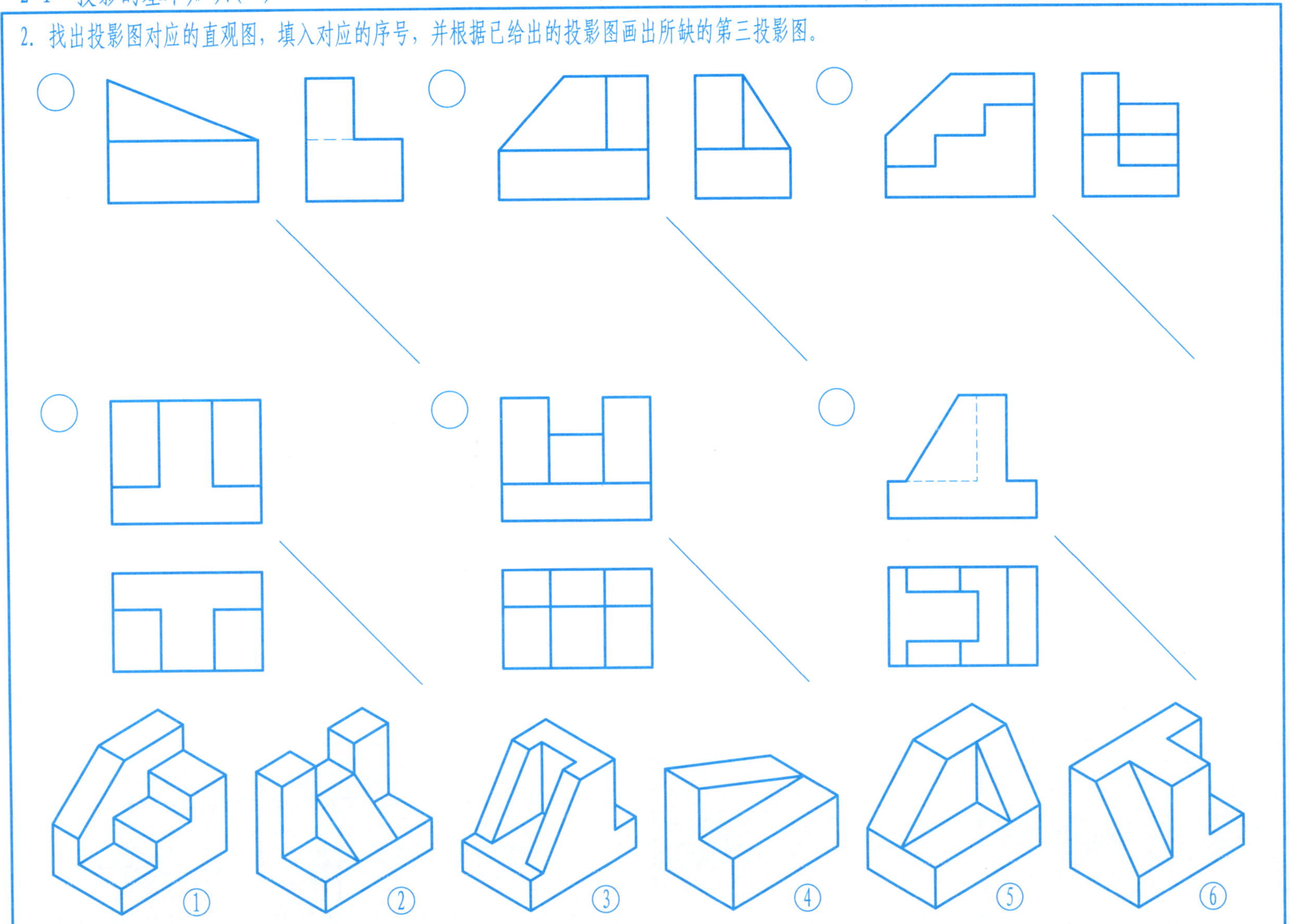

1. 对照直观图，画出侧面投影，并在投影图上标出各点的三面投影。

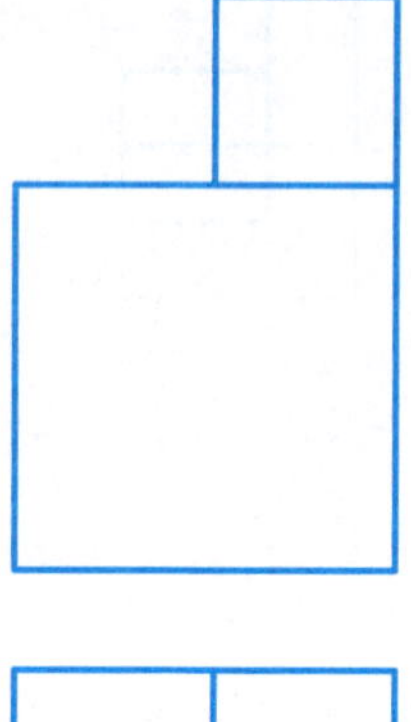

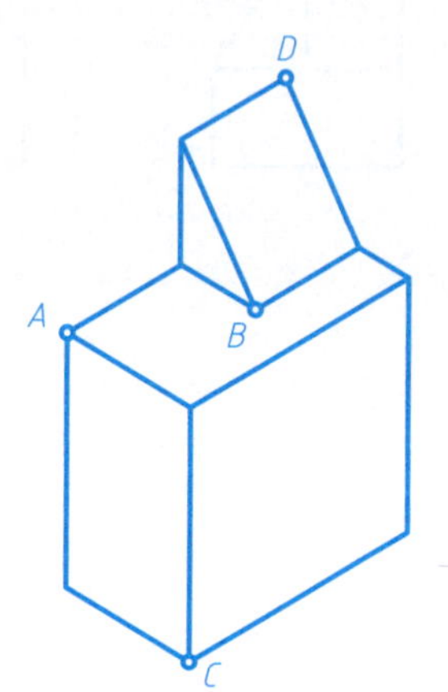

2. 已知各点的两面投影，求第三投影，并在表格内填写出点的位置（如空间点、哪个投影面上的点、哪条投影轴上的点等）。

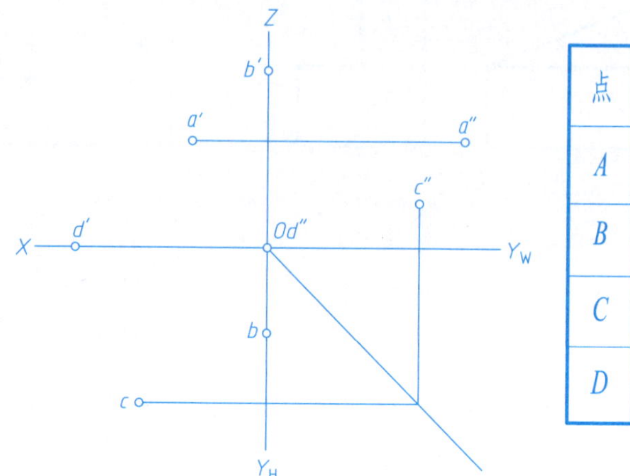

点	位 置
A	
B	
C	
D	

3. 已知点*A*距离投影面*V*、*H*、*W*分别为10、20、15；点*B*在*H*面上，且在点*A*前方10、右方8；点*C*在点*A*正左方15，求各点的三面投影。

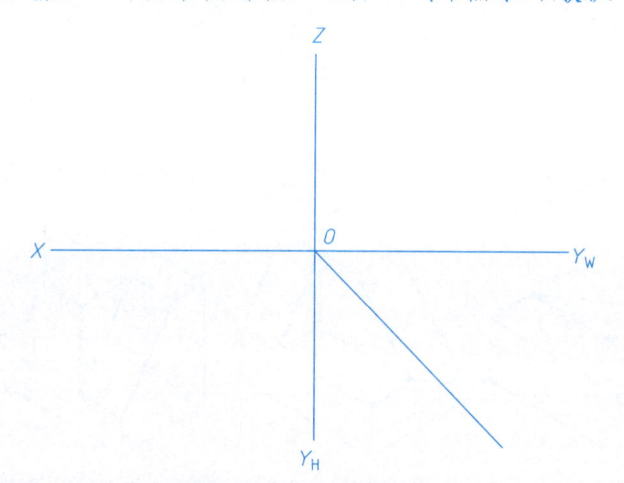

4. 已知点*D*（20，10，22）、点*E*（0，20，0）、点*F*在点*D*的正下方10，作出各点的三面投影，并表明可见性。

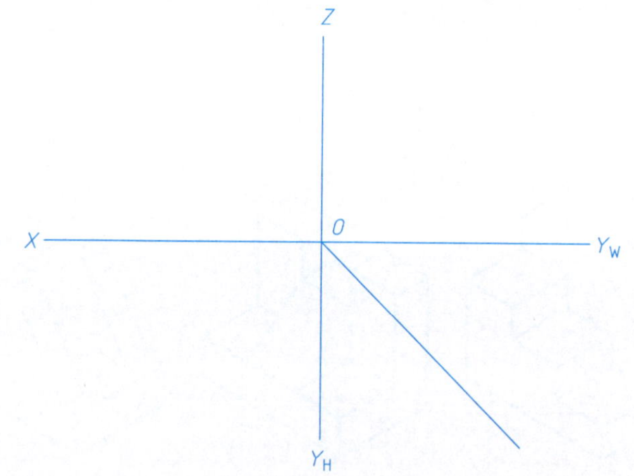

2-2 点的投影（二）

班级　　　　姓名　　　　学号

5. 补全点的投影，并判断两点间的相对位置及可见性。

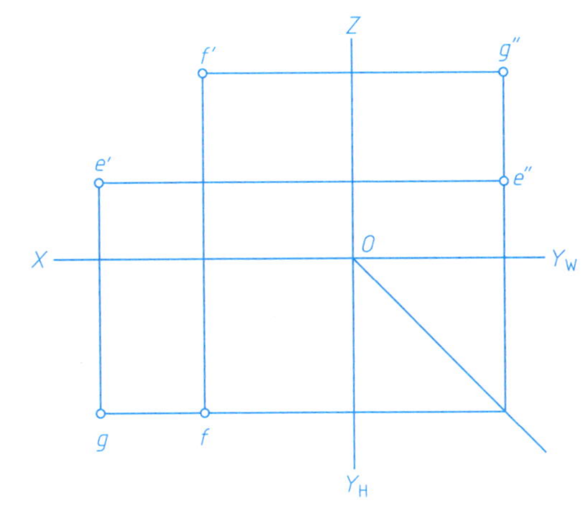

点E在点F________方

点E在点G________方

点F在点G________方

6. 已知点A到W面与到H面的距离相等，点B到点A的距离为12，补全各点的三面投影。

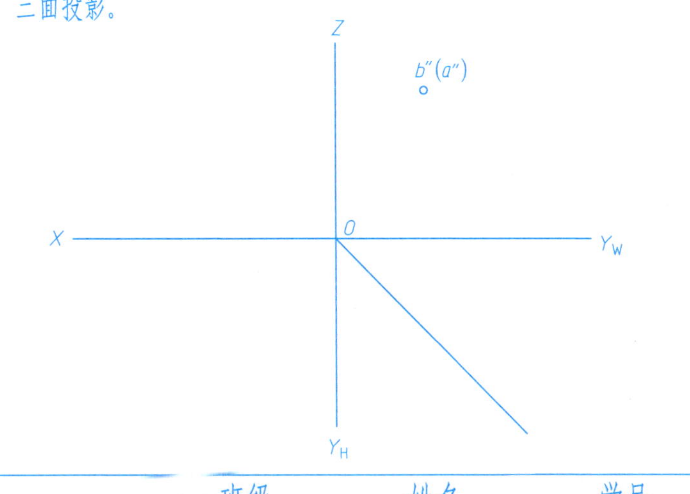

2-3 直线的投影——各种位置直线

班级　　　　姓名　　　　学号

1. 求作三棱锥上各顶点的W投影，两两连线，并判断各线与投影面的相对位置。

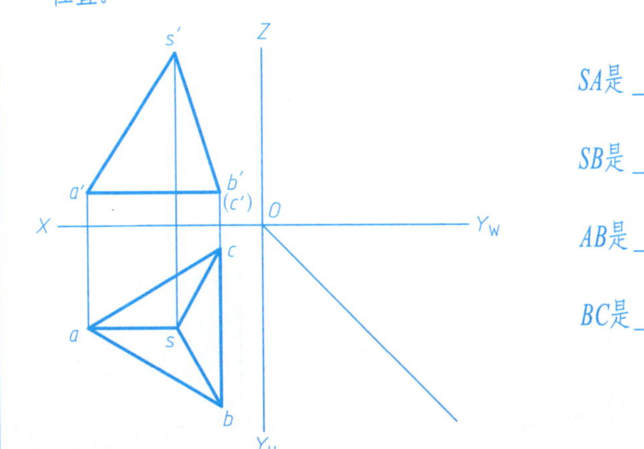

SA是________线

SB是________线

AB是________线

BC是________线

2. 对照直观图，画出侧面投影，并在投影图上标出线段AB、CD的其余投影，同时在立体图上标出端点A、B、C、D的位置。

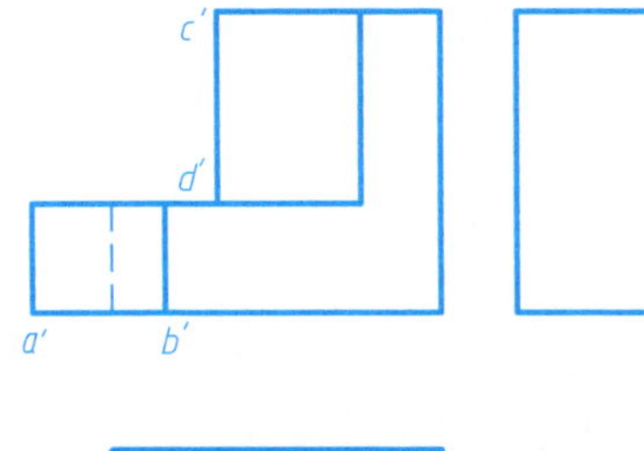

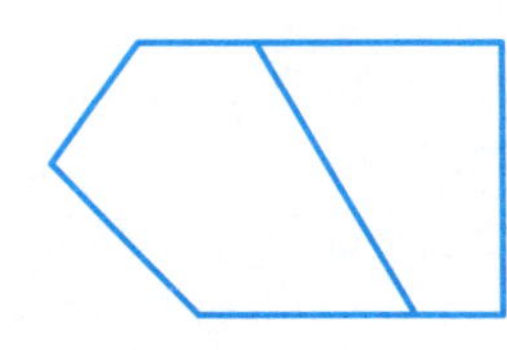

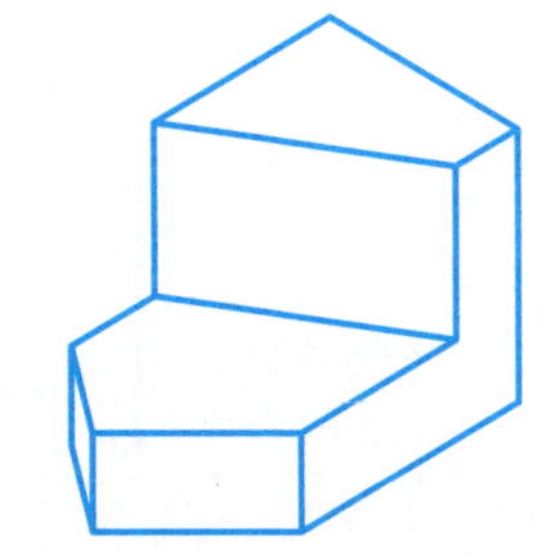

3. 过点A作直线AB和AC的三面投影，其中AB为一般位置直线，B在A下方5、左方20、前方10；AC为正平线，C在A的右上方且在W面上，$\alpha=30°$。

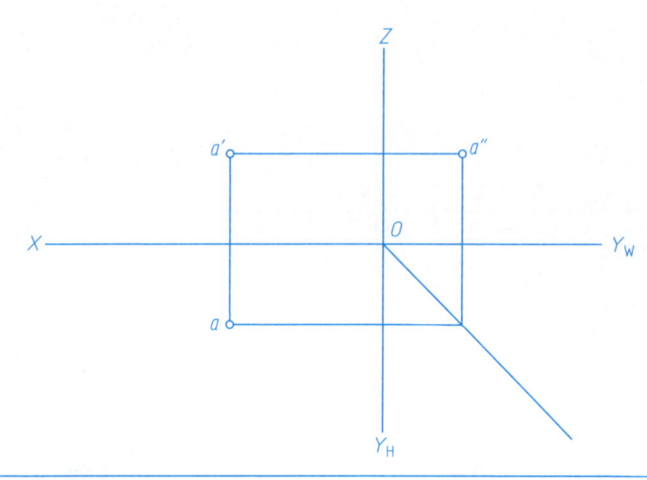

4. 分别在AB和CD直线上取一点K，使K点距V面的距离为15。

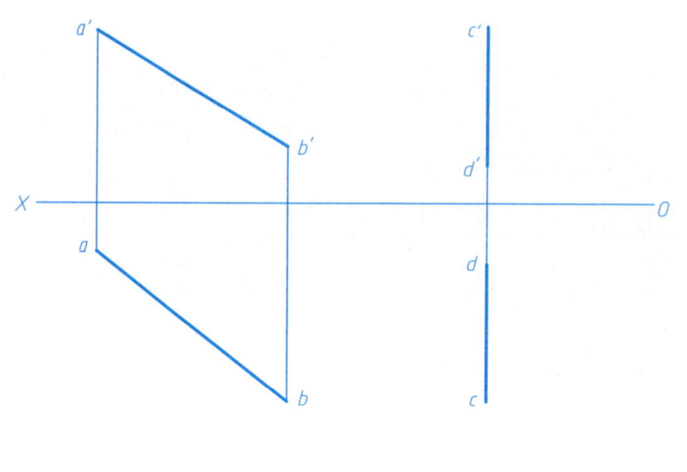

5. 作图判断点C是否在AB上，填写"在"或"不在"；在AB线上取一点D，使AD: DB=3: 2，并求AB的实长及与H面的倾角α。

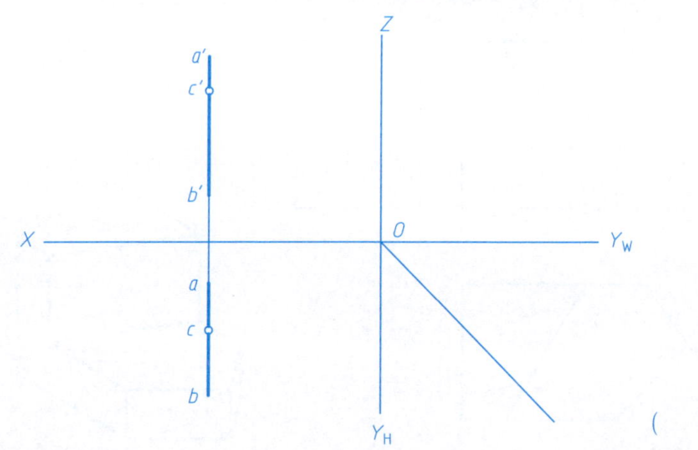

6. 作一水平线MN与直线AB、CD、EF都相交，求该直线MN的两面投影。

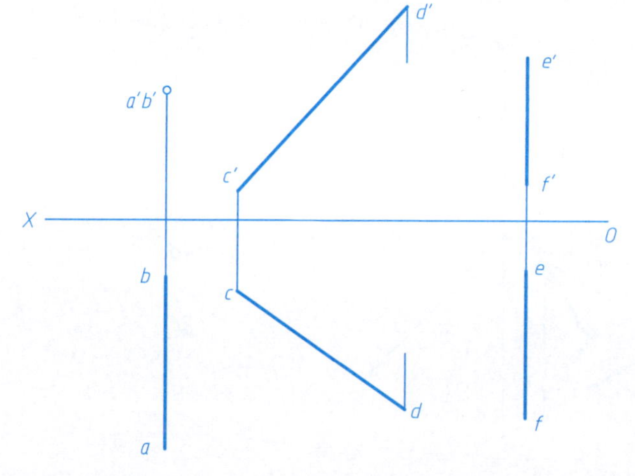

7. 求直线AB的实长及对投影面H、V的倾角α、β，并作出它的水平迹点M和正面迹点N的两面投影。

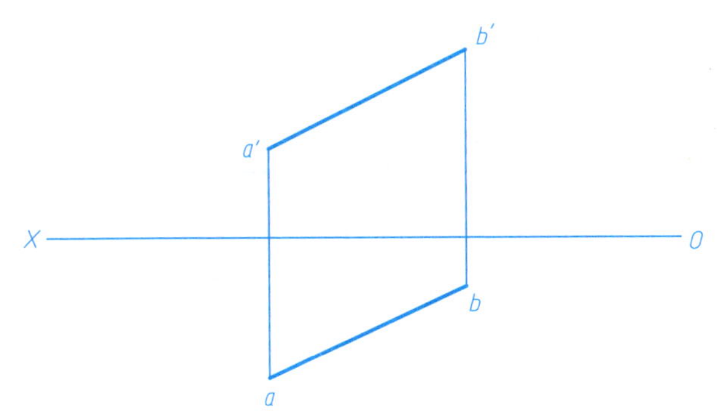

8. 求作点A到直线BC的垂线、垂足和真实距离。

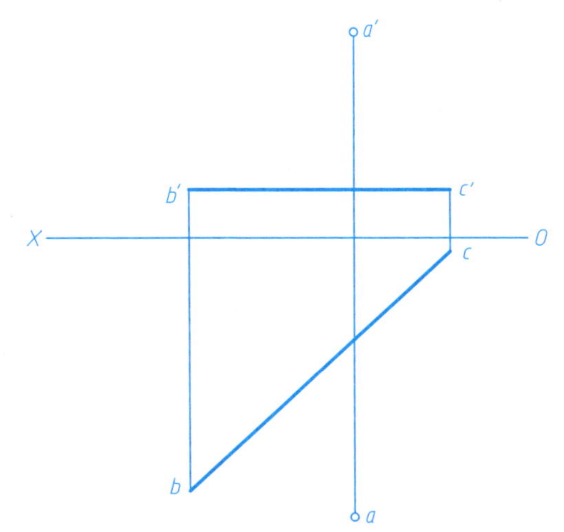

9. 已知直线AB及点C的两面投影，在直线AB上取一点D，使AD=AC。

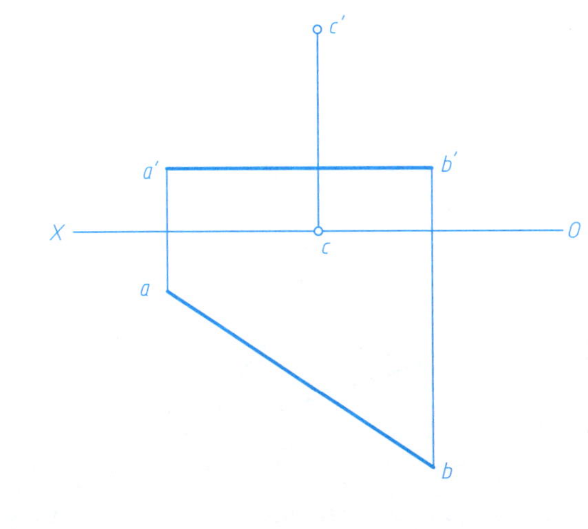

10. 判断两直线的相对位置，并将结果（平行、相交或交叉）填写在括号内。

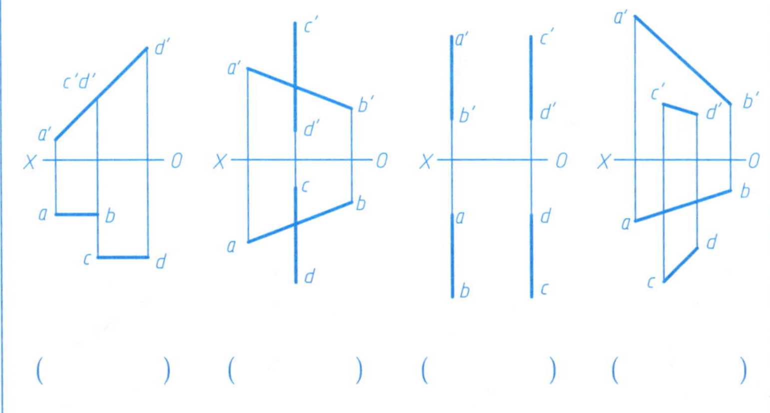

(　　　　)　(　　　　)　(　　　　)　(　　　　)

1. 对照直观图，画出水平投影，在三面投影图上标出各平面的投影，并指明各平面与投影面的相对位置。

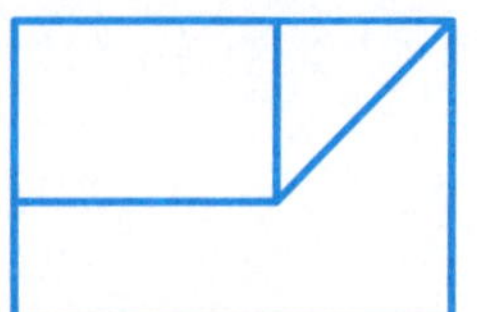

P是________面

Q是________面

R是________面

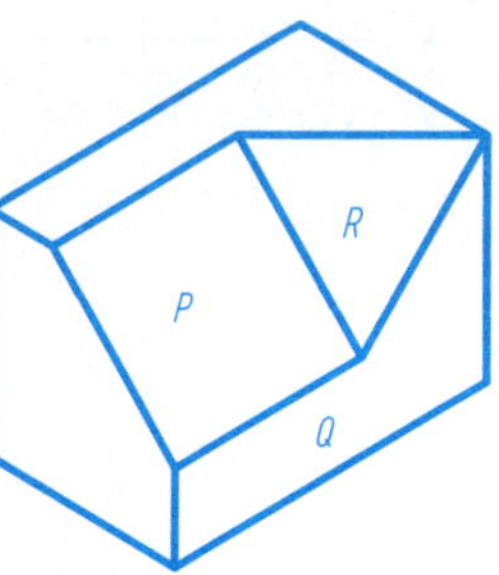

2. 补画平面图形的第三投影，并指出平面对投影面的相对位置。

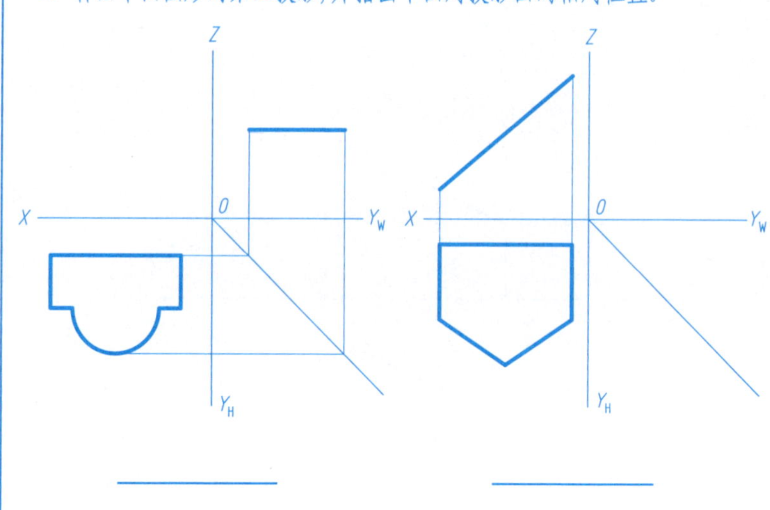

________ ________

3. 补画平面图形的W、H面投影，其中β=30°。

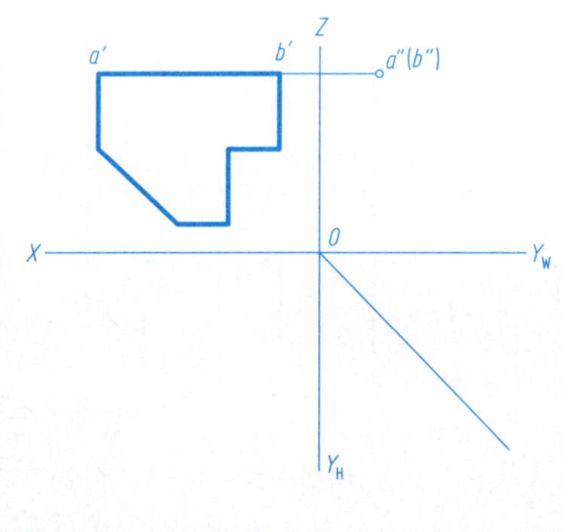

4. 已知正方形ABCD⊥H面，补全其V、H面投影。

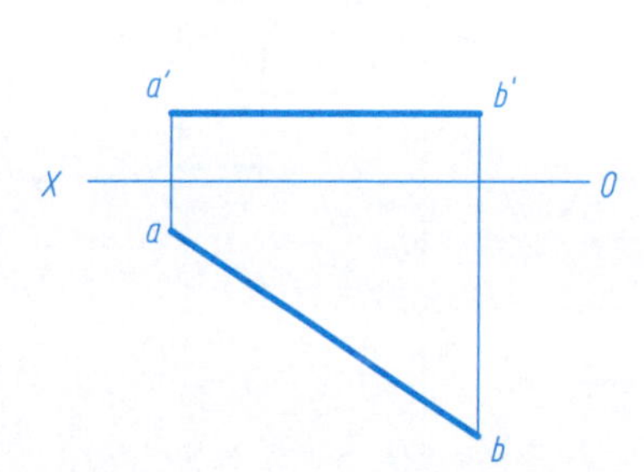

5. 作图检验点D和直线AE是否在△ABC上，并完成△ABC内直线MN的V面投影。

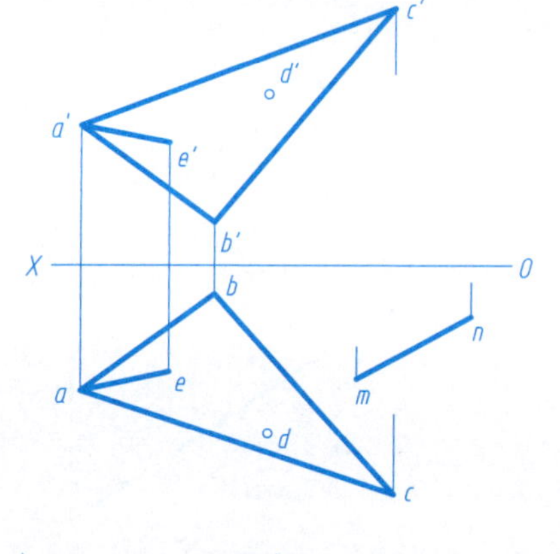

点D____△ABC上　　线AE____△ABC上

6. 已知平面图形*ABCD*，其中*AB*边为水平线，补全其*V*面投影。

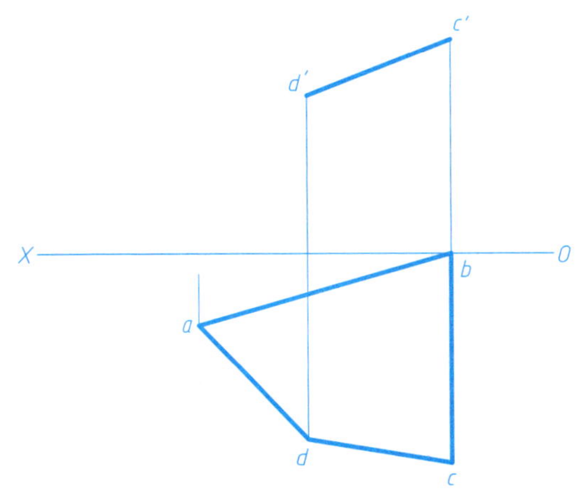

7. 补画平面图形*ABCDEFG*的*H*面投影。

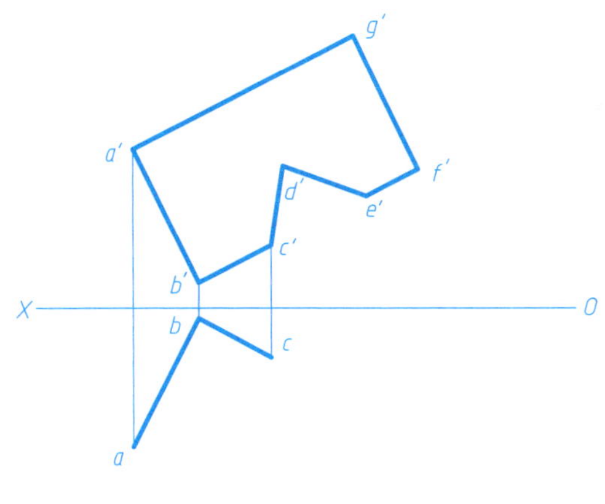

8. 已知正方形*ABCD*的部分投影，试补全其两面投影。

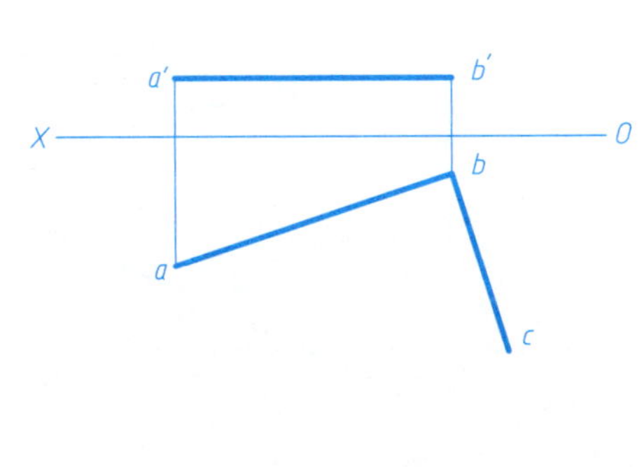

9. 求△*ABC*对*H*面的倾角α。

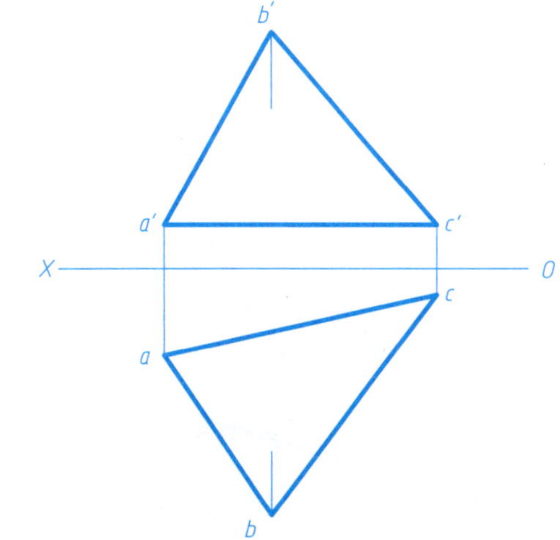

1. 判断直线与平面、平面与平面是否平行。

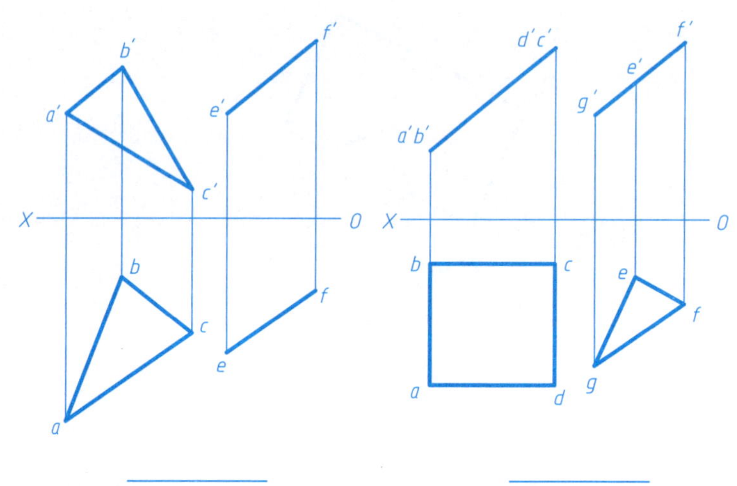

2. 过点D作正平线DE与△ABC所在平面平行，且DE=25。

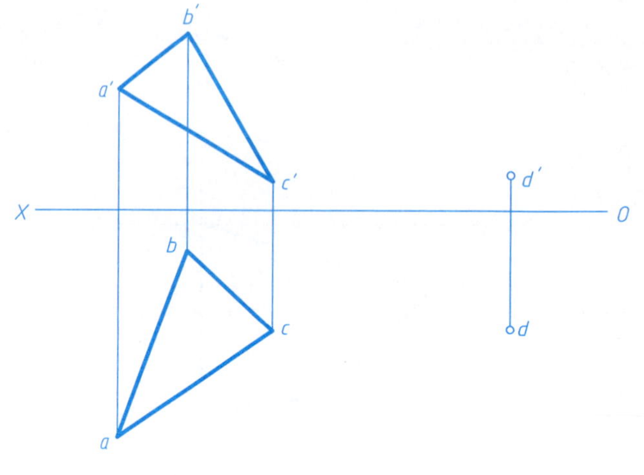

3. 求直线与平面的交点K，并判断可见性。

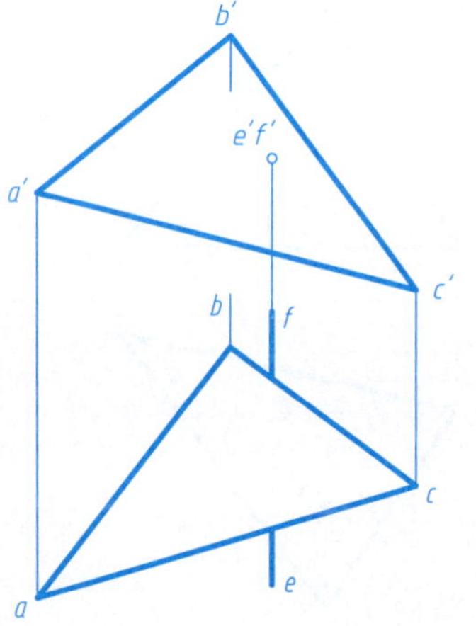

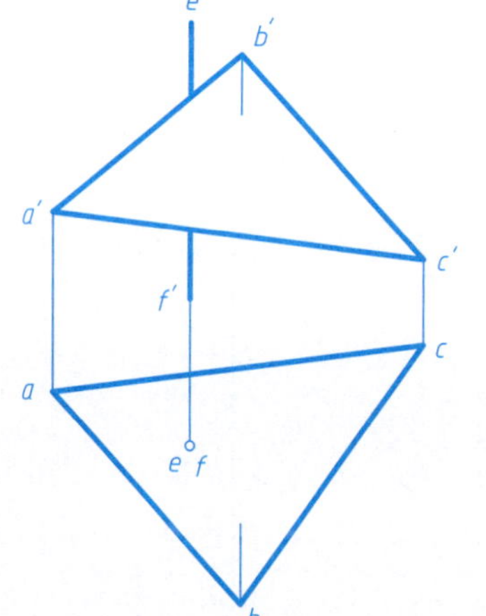

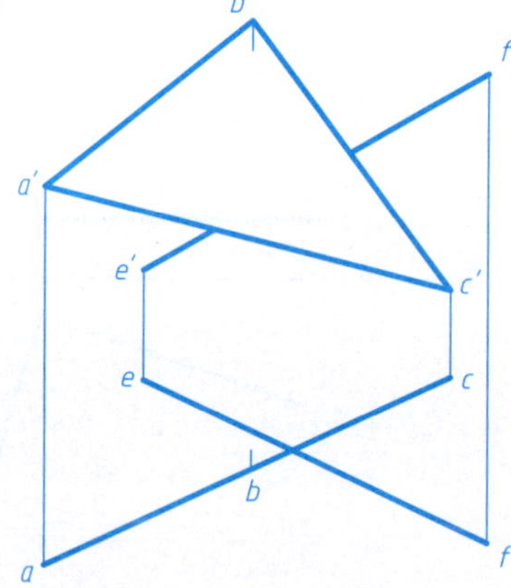

4. 求平面与平面的交线MN,并判断可见性。

(1)

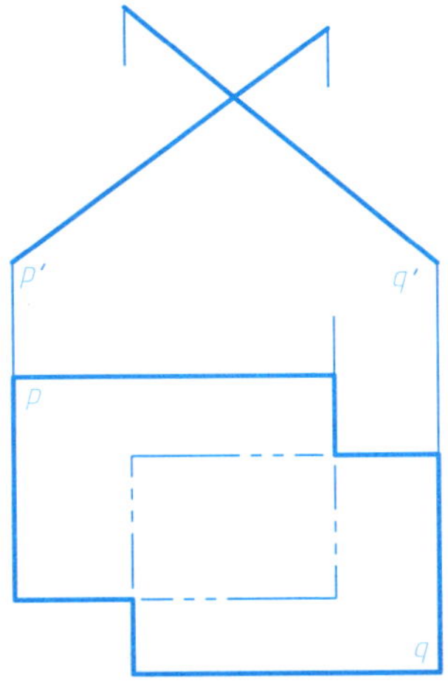

(2)

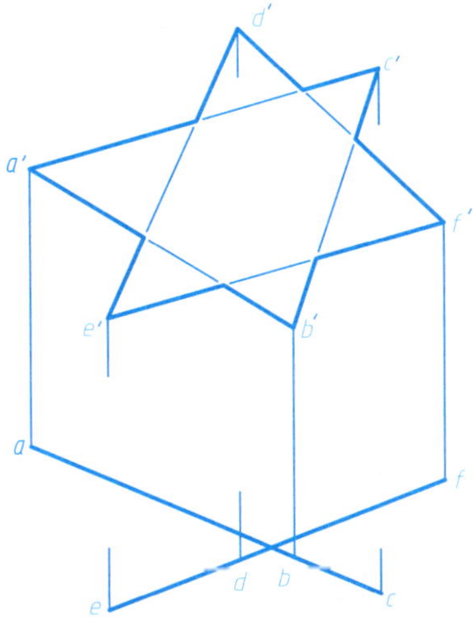

(3)

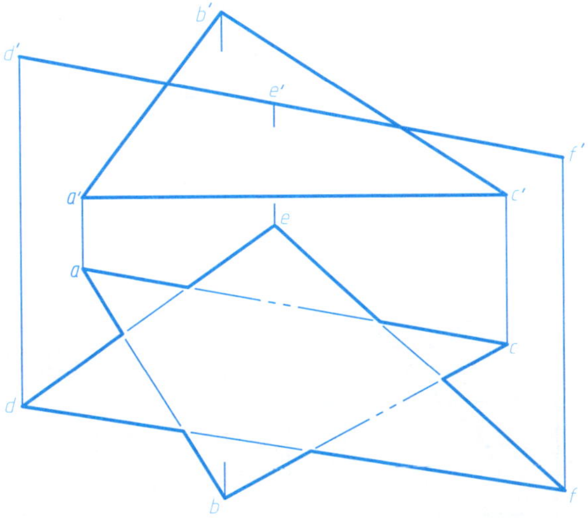

(4)

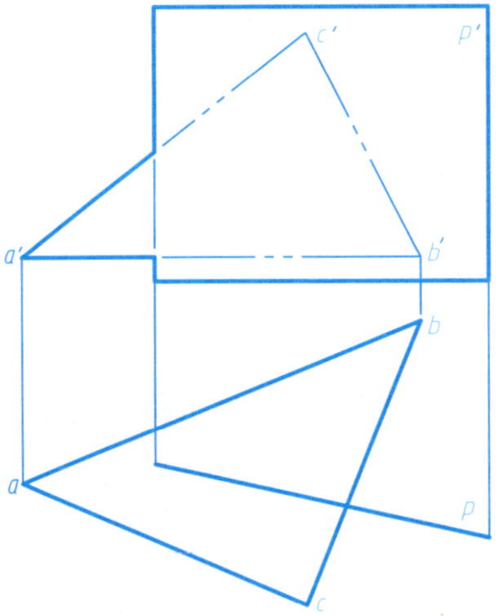

1. 补绘六棱柱的侧面投影，并求表面上点A、B、C的另外两面投影。

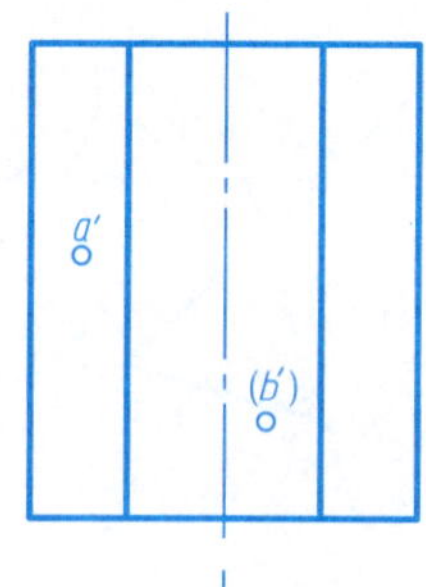

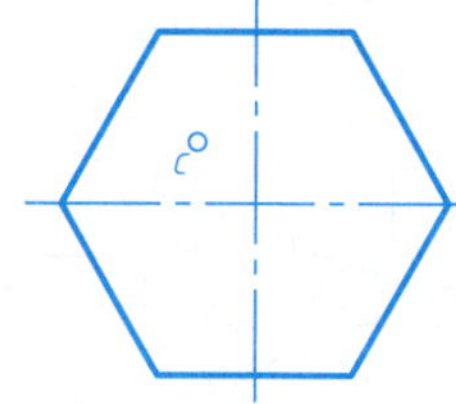

2. 补绘四棱锥的侧面投影，并求表面上点A、B、C的另外两面投影。

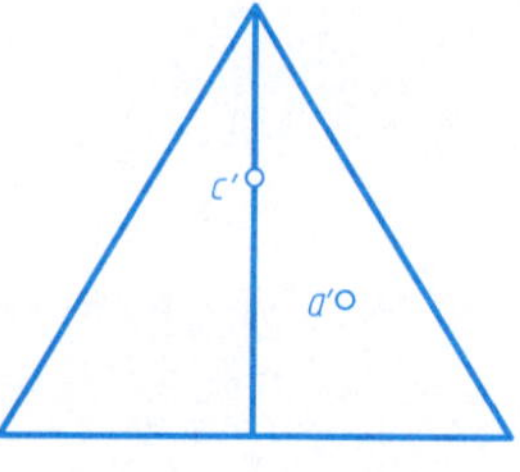

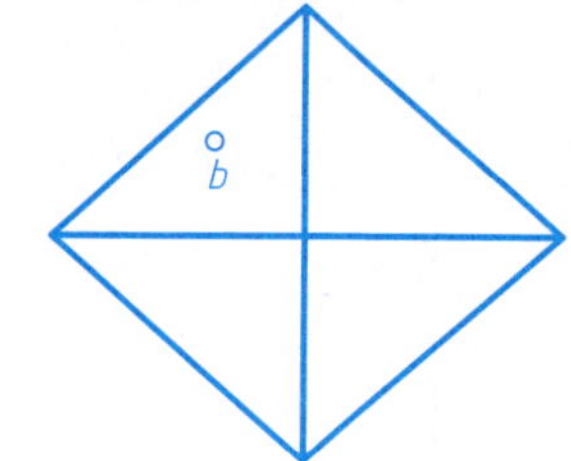

3. 补绘四棱台的水平投影，并求表面上点A、B的另外两面投影。

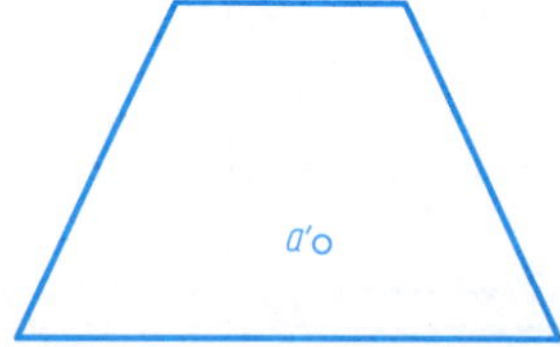

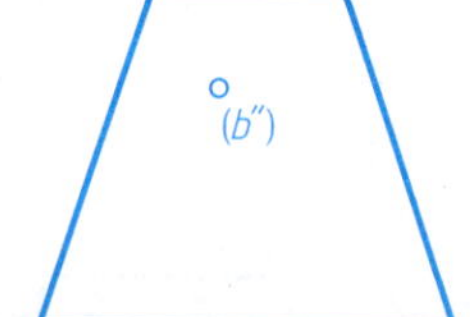

4. 补绘四棱柱的正面投影，并求表面上折线ABC的另外两面投影。

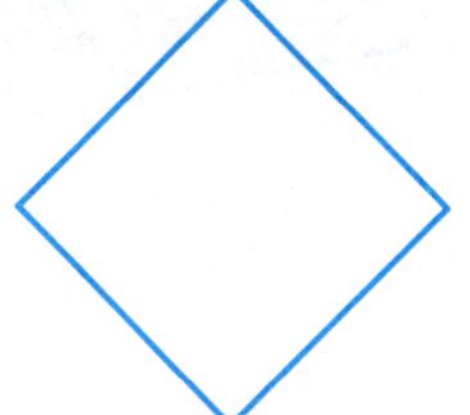

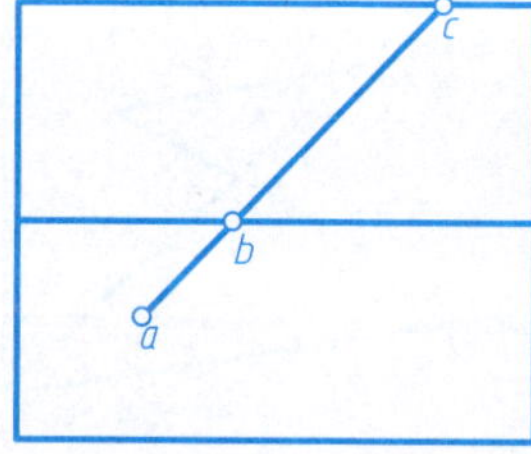

5. 补绘圆柱体的水平投影，并求表面上点A、B、C的另外两面投影。

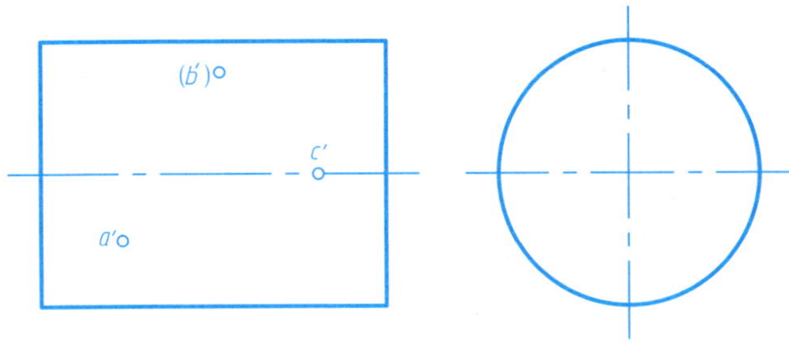

6. 补绘圆柱体的W面投影及表面上线ABCD的另外两面投影。

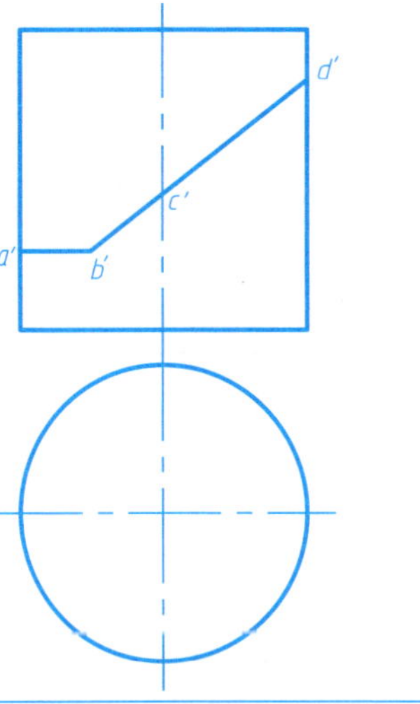

7. 补绘圆锥的水平投影，并求表面上点A、B、C的另外两面投影。

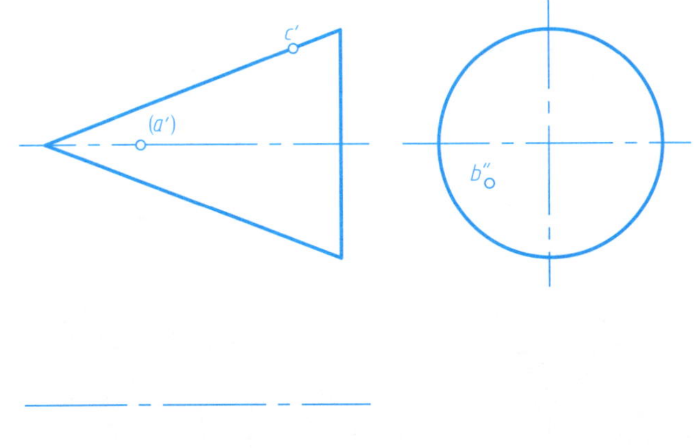

8. 补绘半球的侧面投影，并求表面上点A、B、C的另外两面投影。

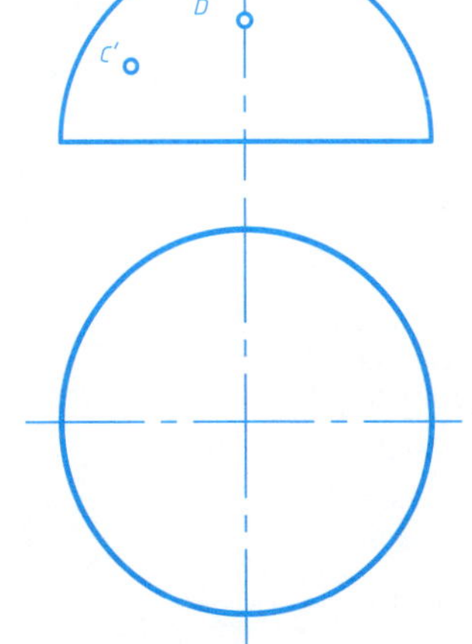

1. 完成六棱锥截断体的投影。

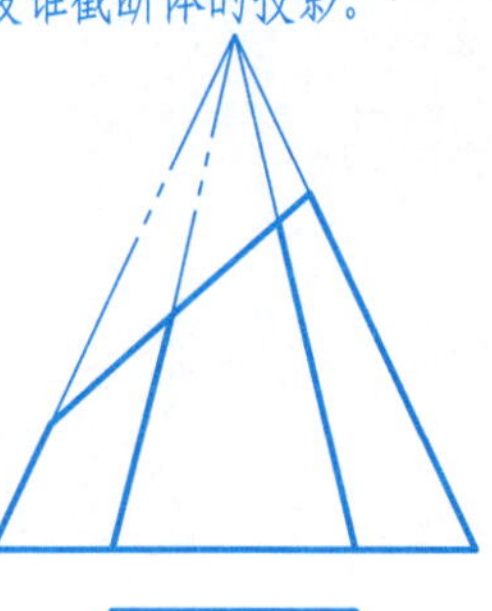

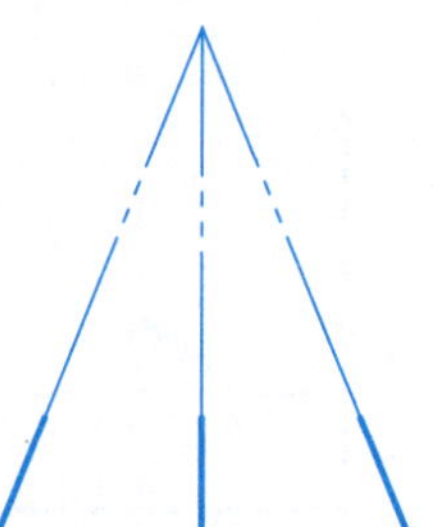

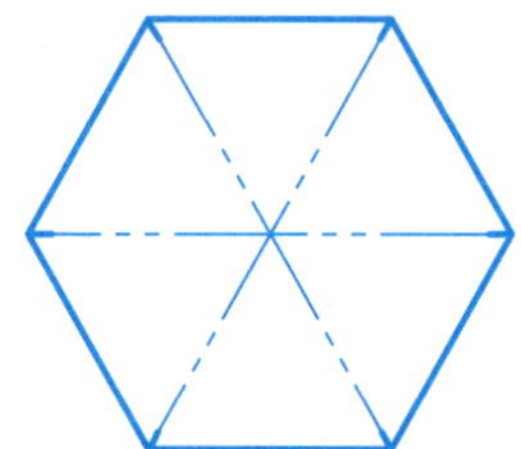

2. 完成四棱锥截断体的投影。

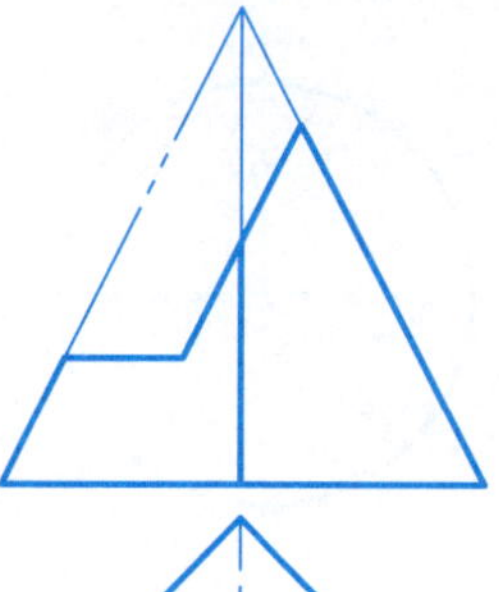

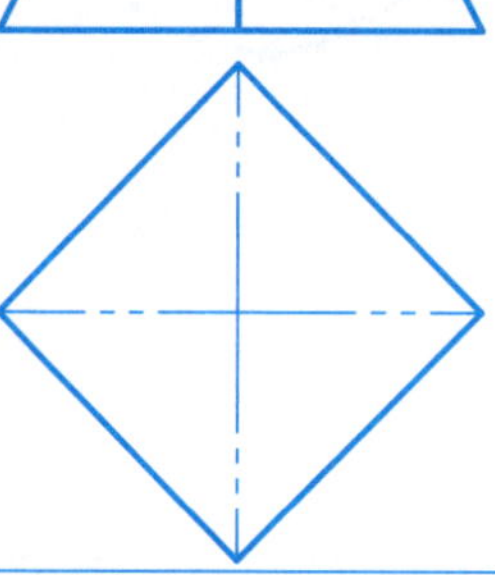

3. 完成四棱台截断体的投影。

4. 完成歇山屋顶的投影。

3-2 平面与立体相交——平面立体的截交线(二)

班级　　　　姓名　　　　学号

5. 完成四棱柱截断体的投影。

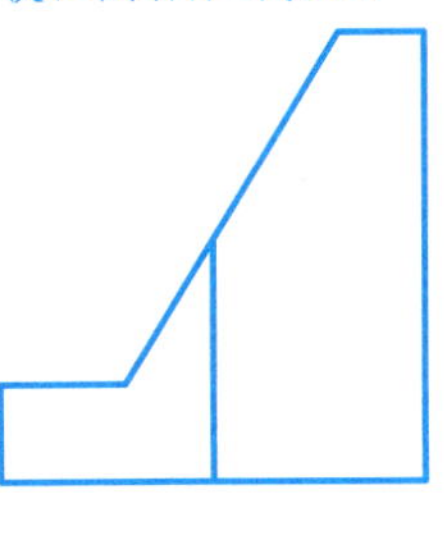

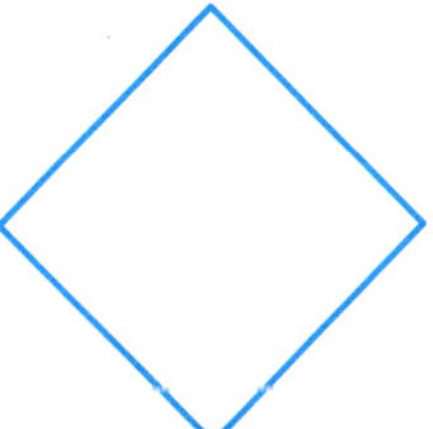

6. 完成五棱柱截断体的投影。

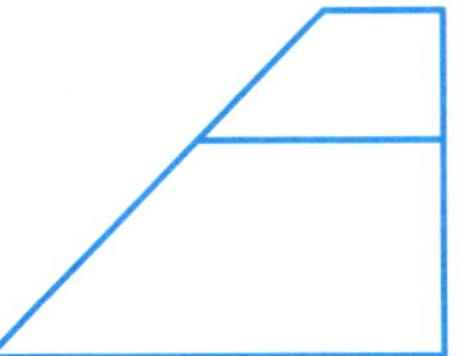

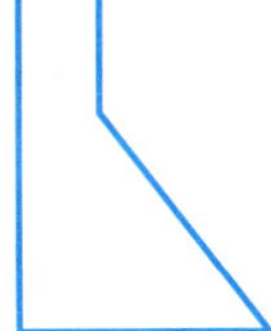

7. 根据形体的水平投影,构思至少两种正面投影。

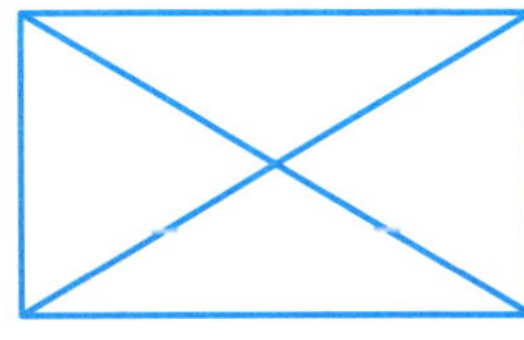

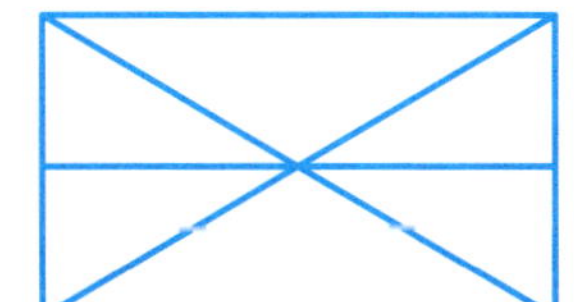

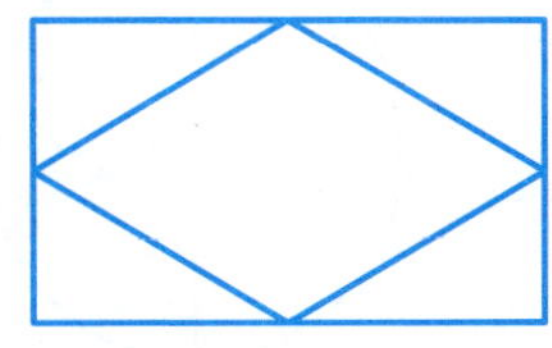

1. 完成圆柱截断体的投影。

(1)

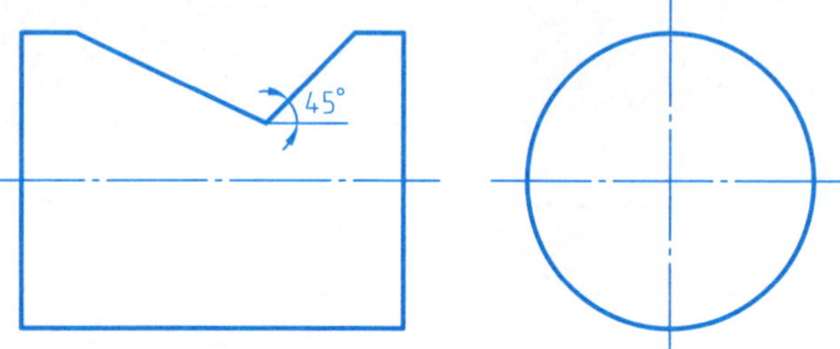

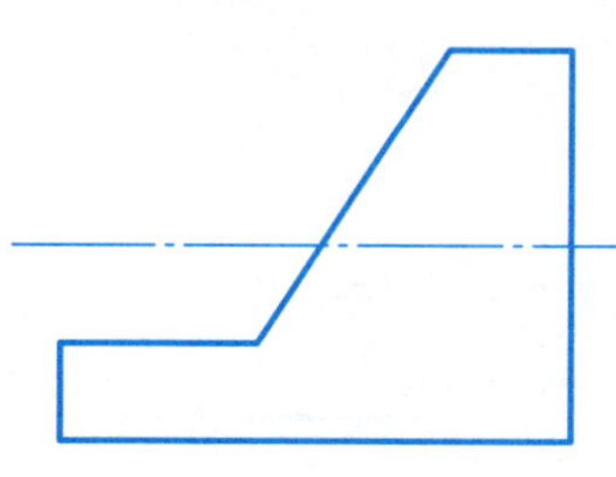

(2)

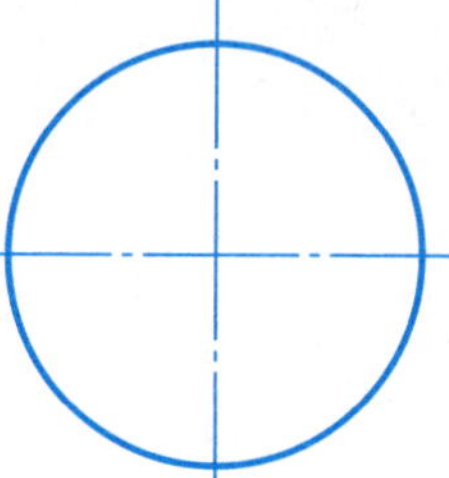

(3)

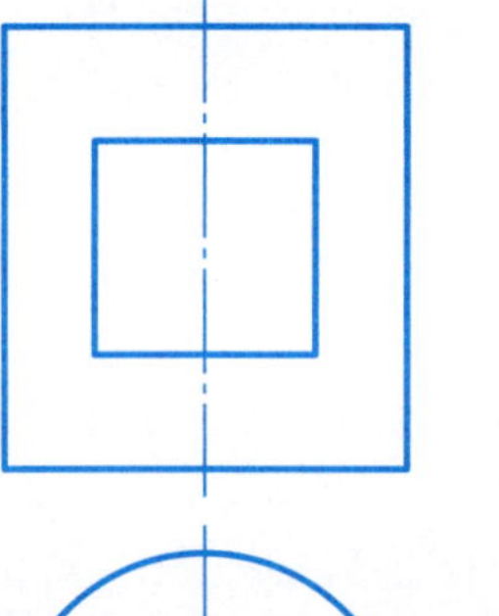

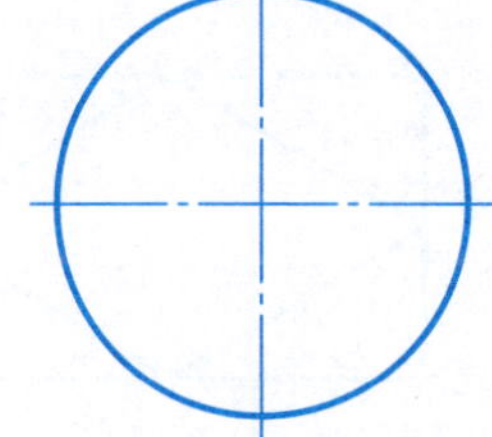

(4)

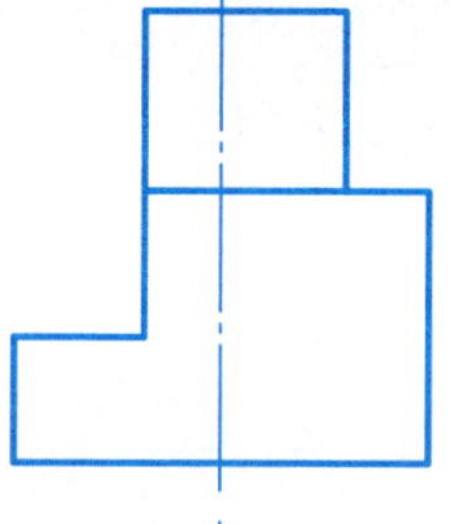

2. 完成圆锥截断体的投影。

(1)

(2)

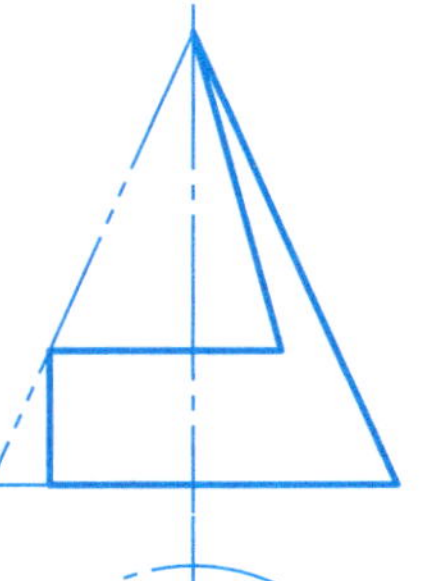

3. 完成半球截断体的投影。

(1)

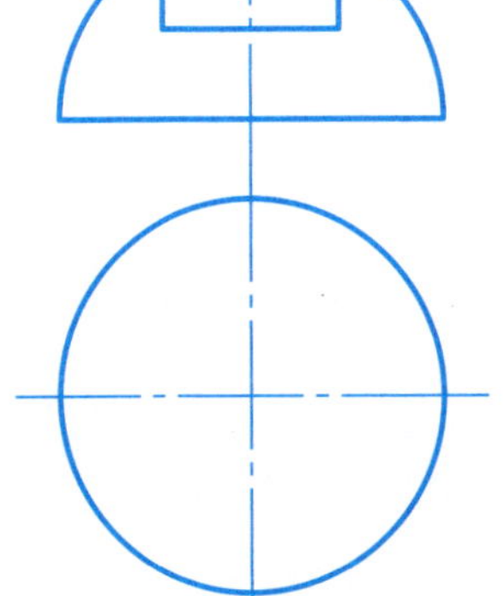

(2)

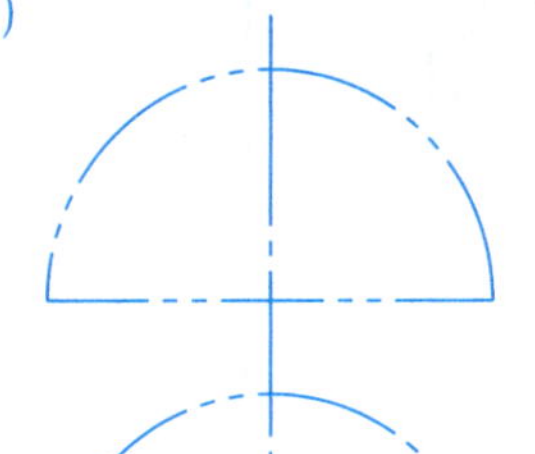

(3)

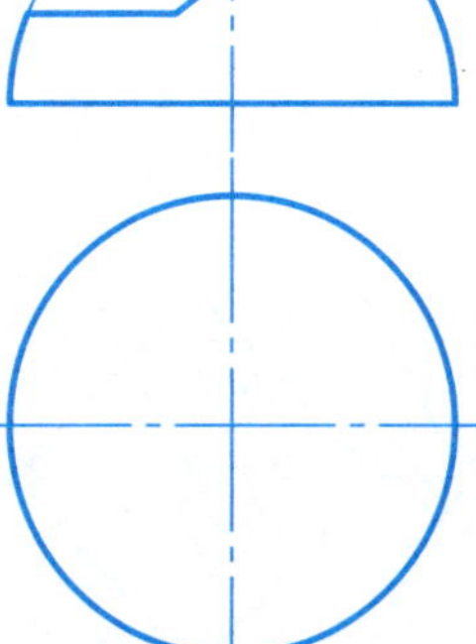

1. 完成两三棱柱相贯体的投影。

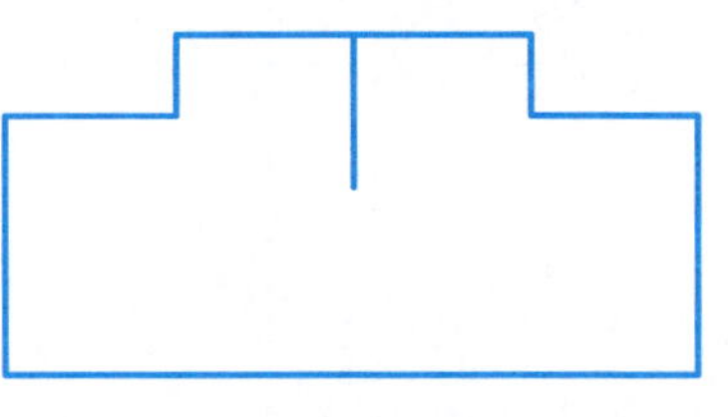

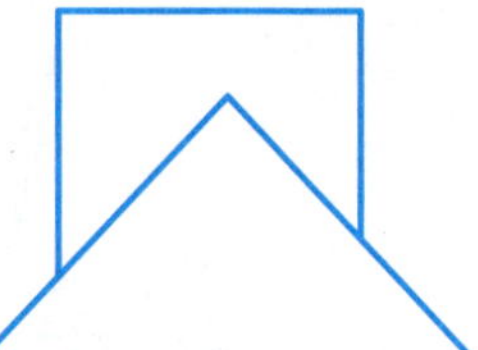

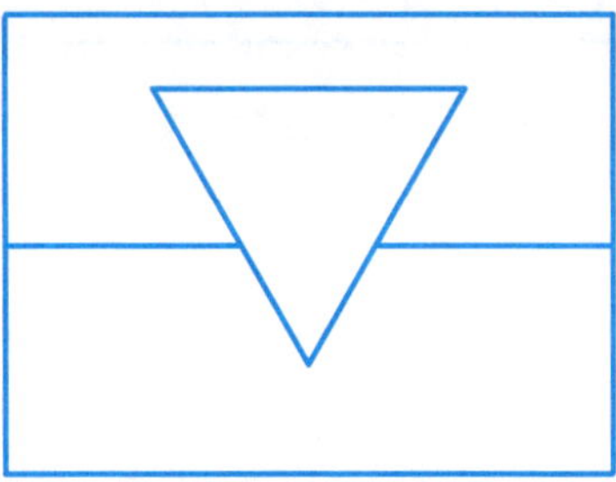

2. 补画烟囱、气窗和屋面交线的投影。

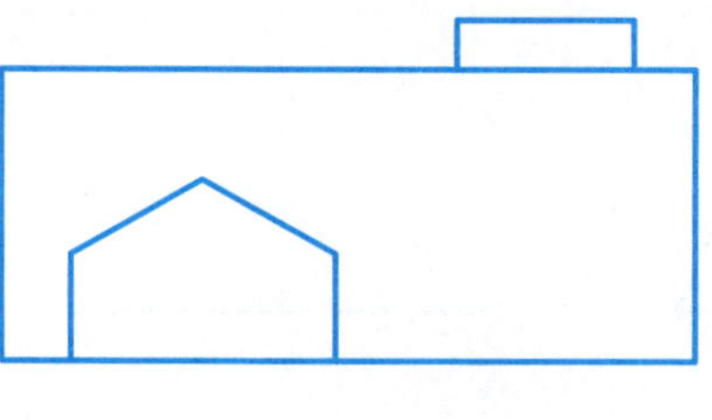

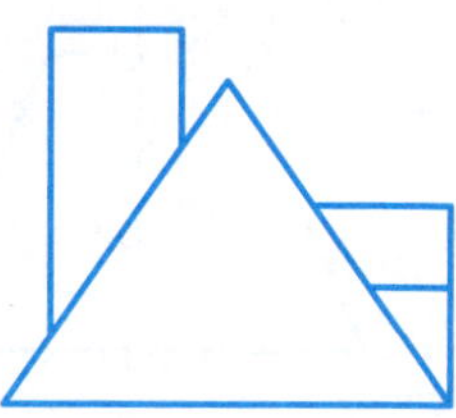

3. 完成六棱锥与四棱柱相贯体的投影。

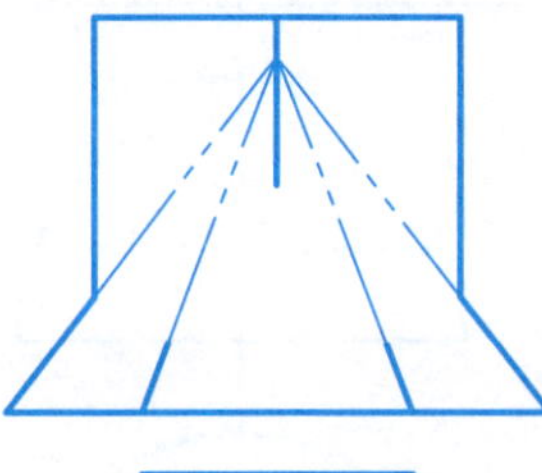

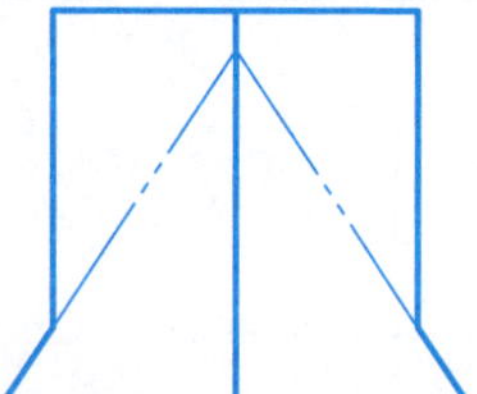

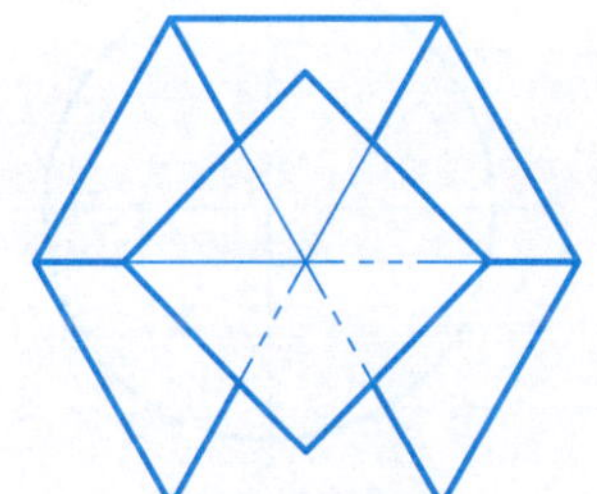

4. 完成三棱锥与三棱柱相贯体的投影。

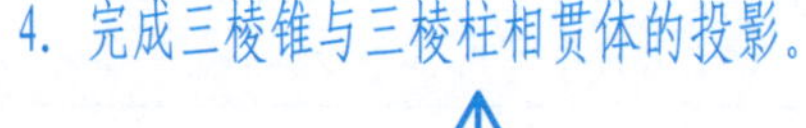

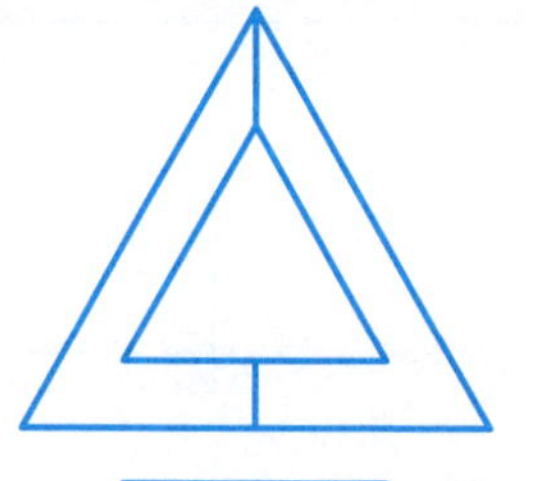

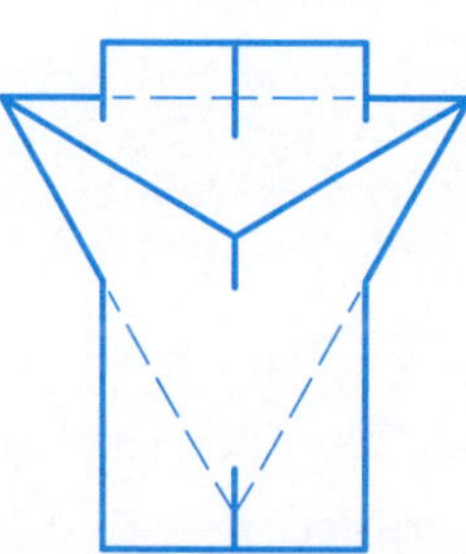

1. 完成房屋表面交线的投影。

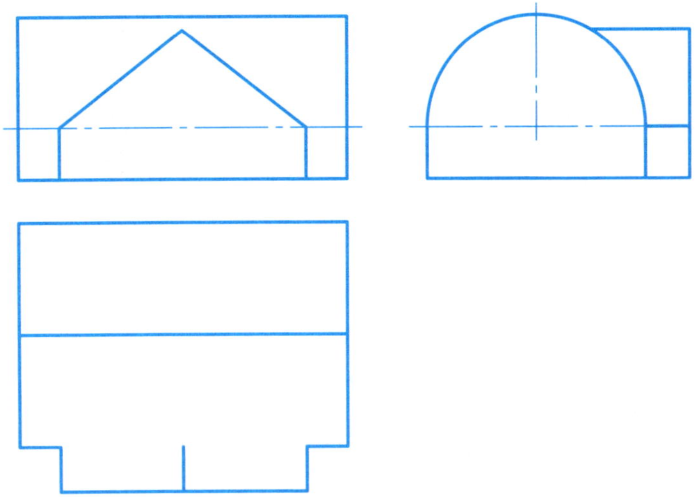

2. 已知涵洞端部挡土墙的两面投影，补画水平投影。

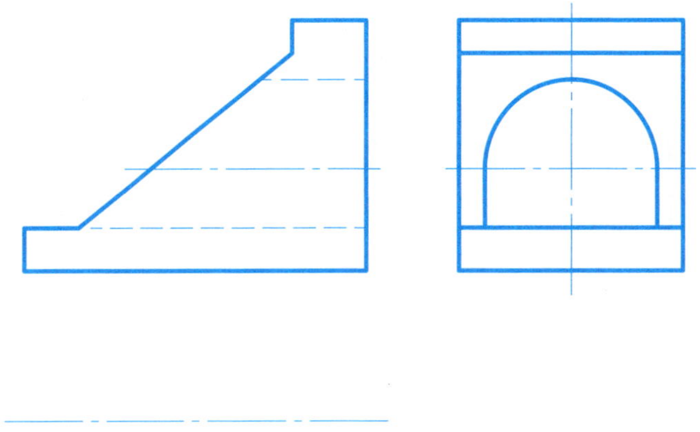

3. 完成混凝土锥壳基础表面交线的正面投影。

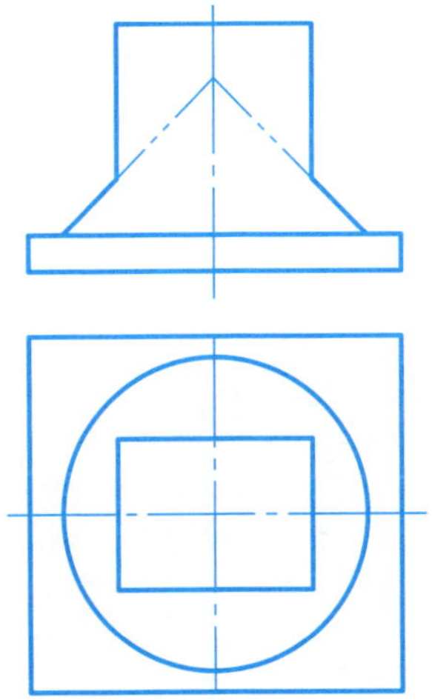

4. 完成四棱柱与半球相贯线的正面投影。

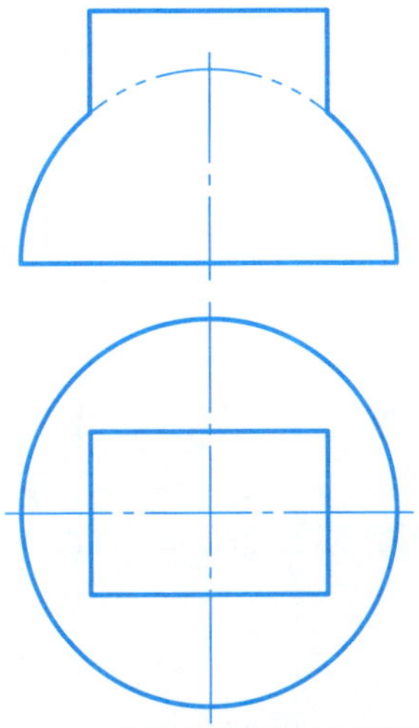

5. 已知渠道边墙的投影，求作边墙上交线的正面投影。

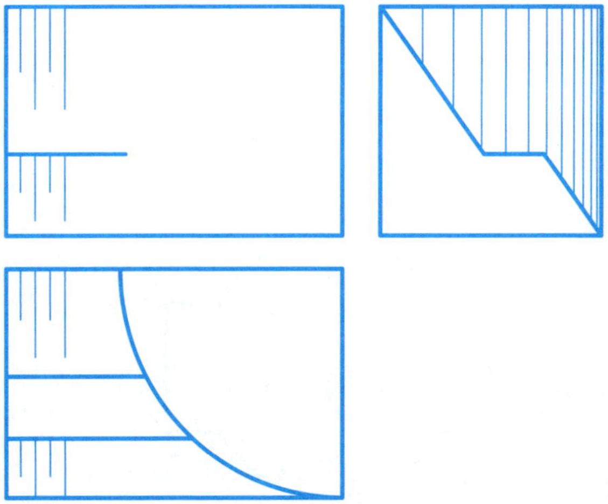

1. 完成两正交圆柱相贯线的投影。

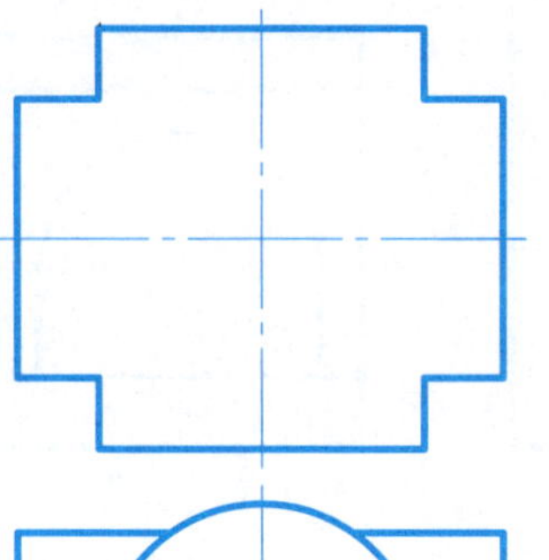

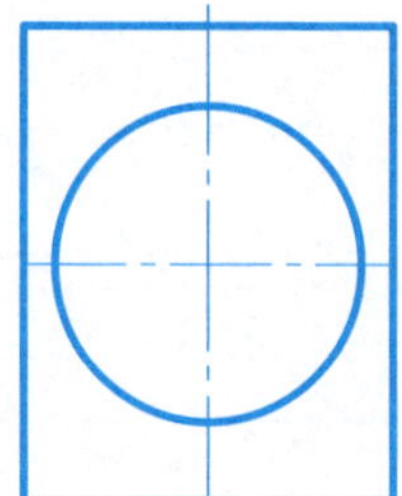

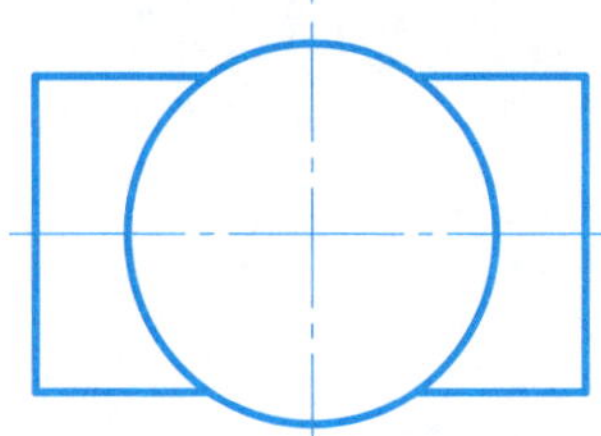

2. 完成形体相贯线的投影。

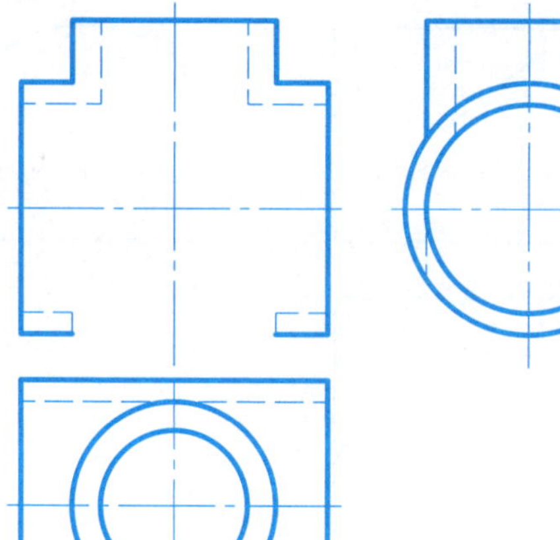

3. 完成圆锥与圆柱相贯线的投影。

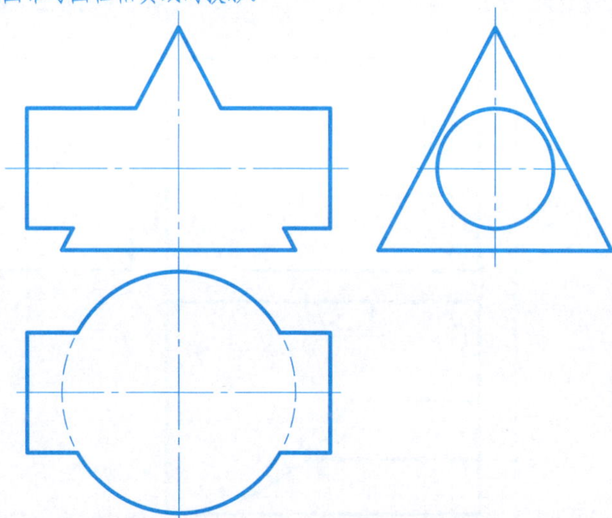

4. 完成形体相贯线的投影。

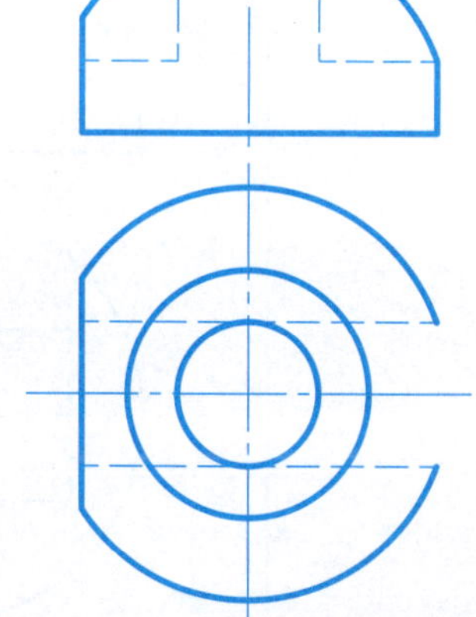

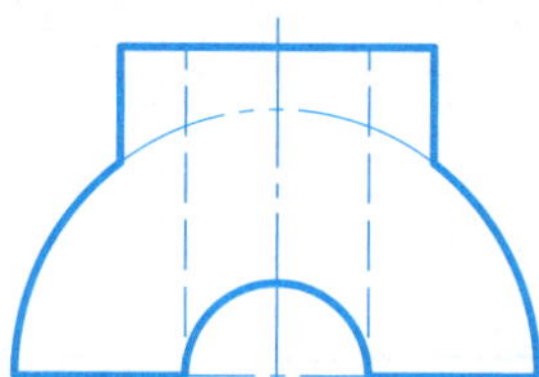

3-4 同坡屋面交线

班级　　　　姓名　　　　学号

已知同坡屋面的倾角为30°及檐口线的水平投影，求屋面交线的水平投影和屋面的正面、侧面投影。

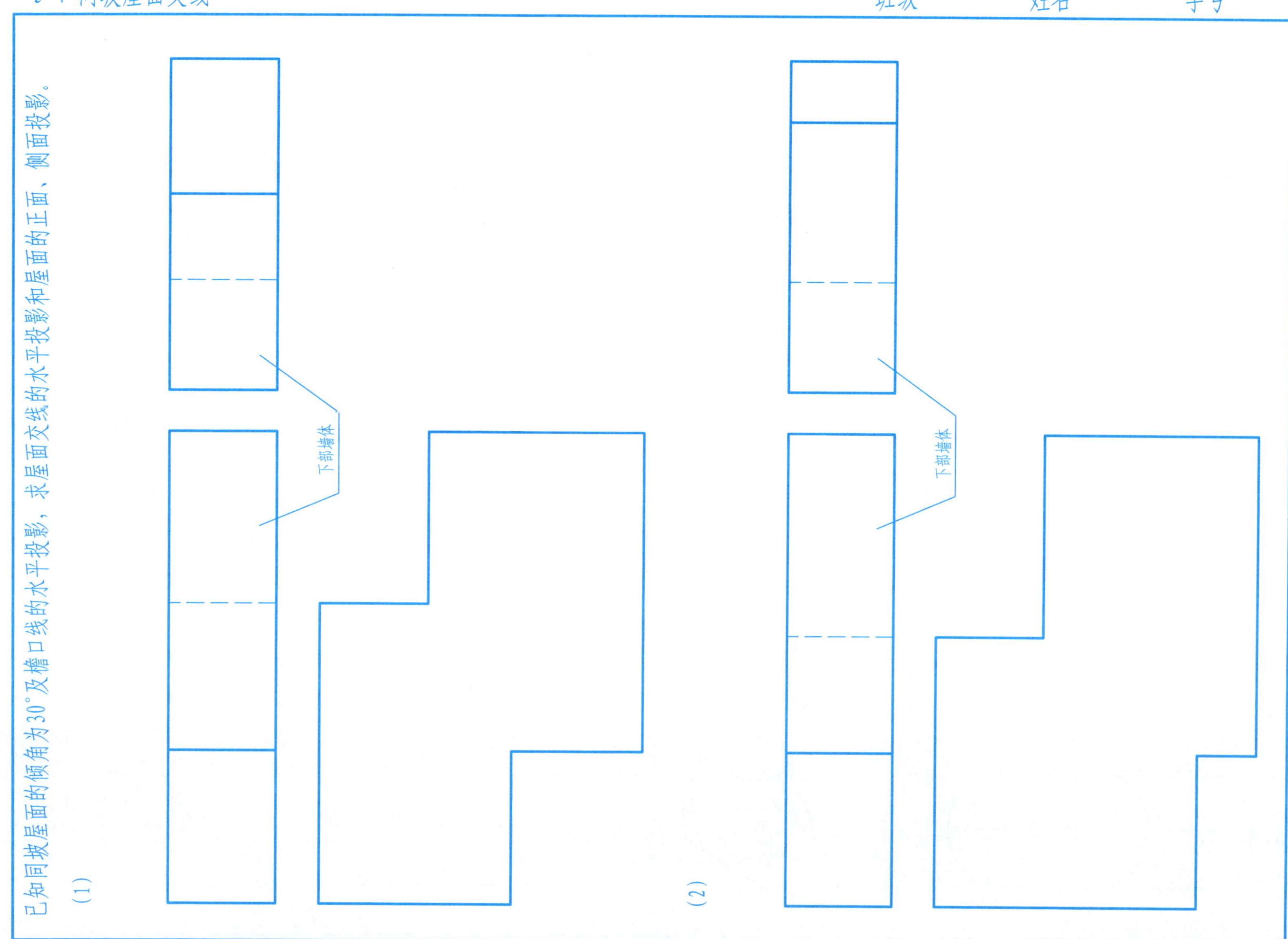

3-5 工程曲面(一)

班级　　　　姓名　　　　学号

1. 求作组合面的水平投影，并画出曲面上的素线。

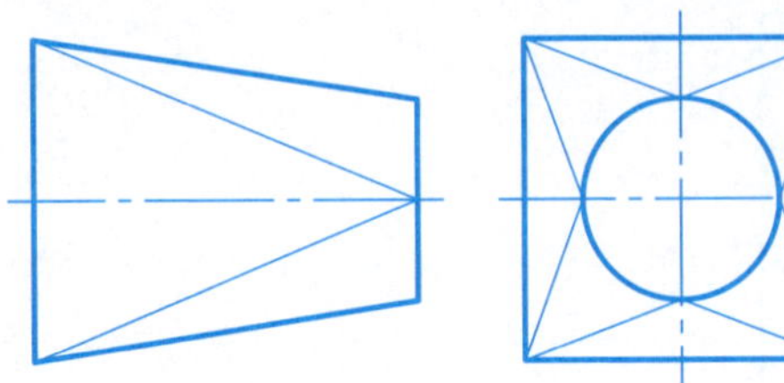

2. 求作渠道中的双曲抛物面的水平投影。

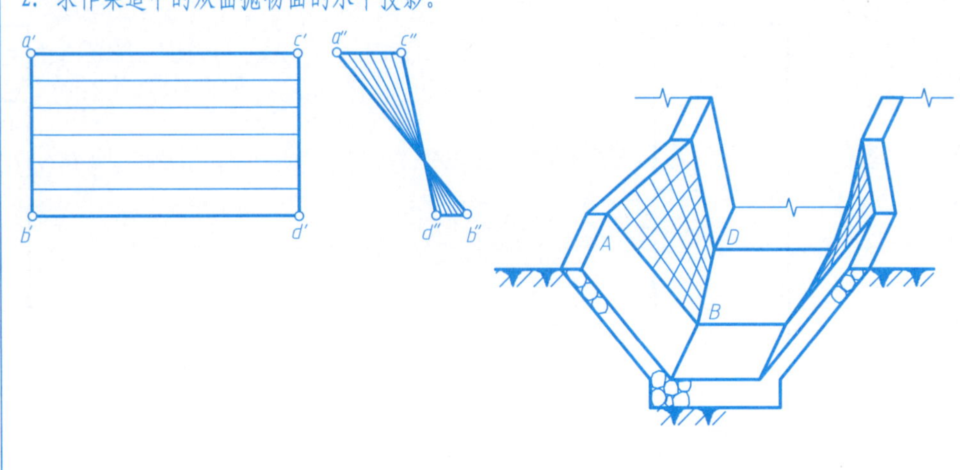

3. 求作闸墩的正面投影，写出左、右两曲面的名称，并画出曲面上的素线。

左曲面______

右曲面______

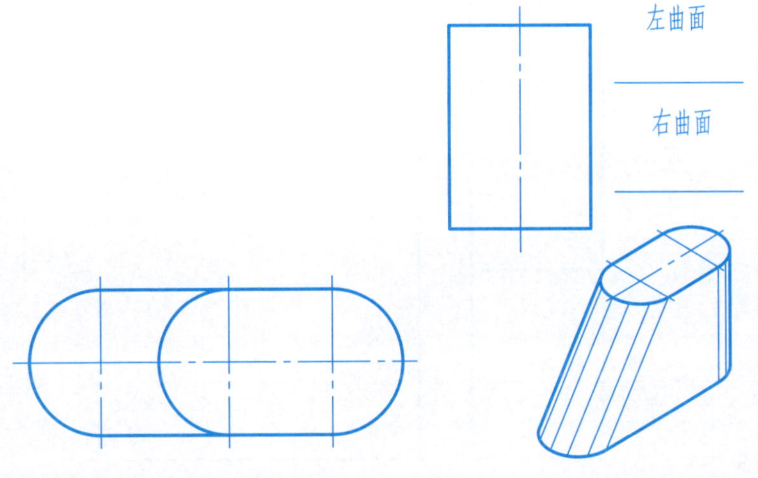

4. 已知导线半圆弧AB和半椭圆弧CD的两面投影，以水平面为导平面作直纹曲面，求作其侧面投影，画出曲面上的素线，并写出曲面的名称。

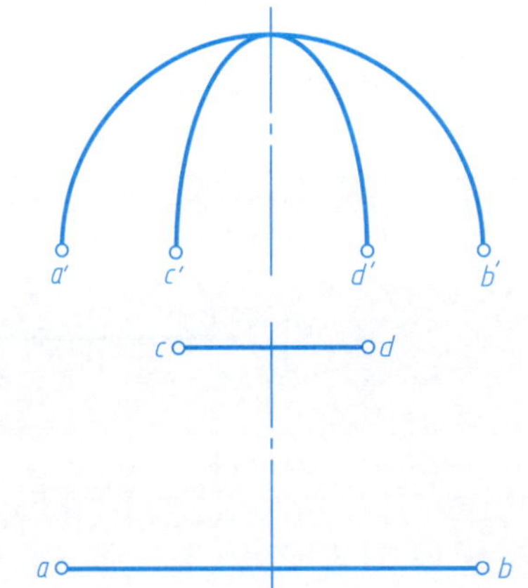

名称______

5. 求作锥状面的侧面投影。

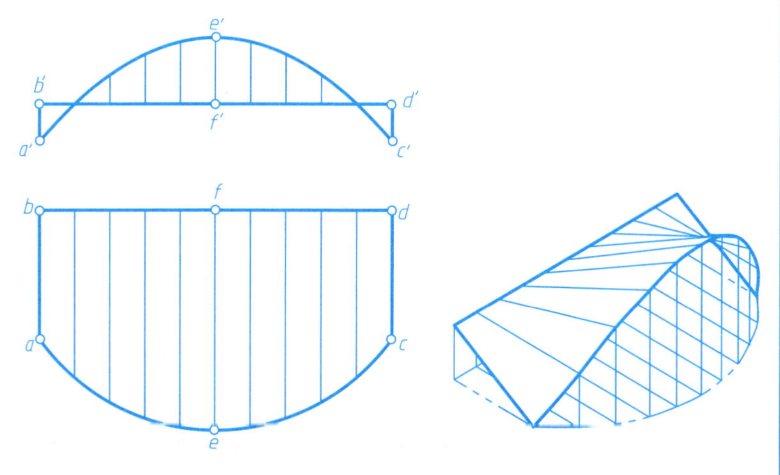

7. 已知右旋圆柱螺旋线的导圆柱和导程h，求作其正面投影，并判别可见性。

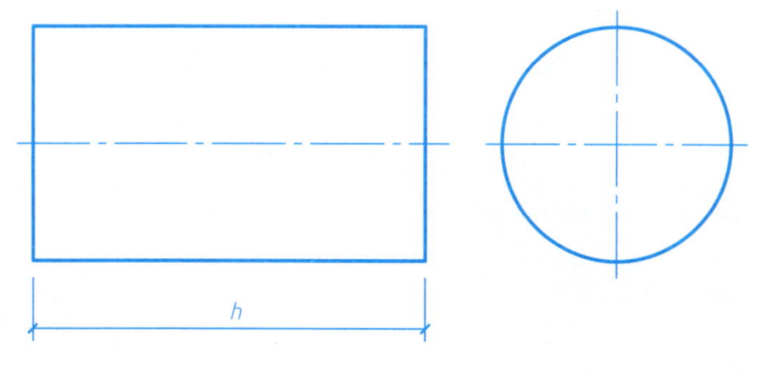

6. 已知单叶双曲回转面的直母线AB和旋转轴$O—O$的投影，求作其投影图，并画出曲面上12条素线。

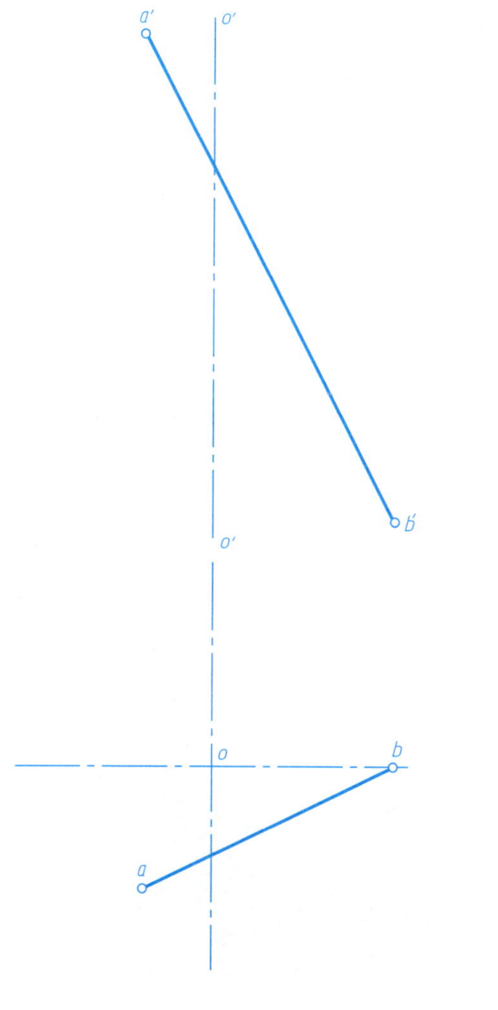

8. 已知左旋旋转楼梯的*H*面投影，旋转一圈的高度为图中网格的高度，踢面高及梯板竖直厚度均为网格的每一小格，试画出该楼梯的*V*面投影。

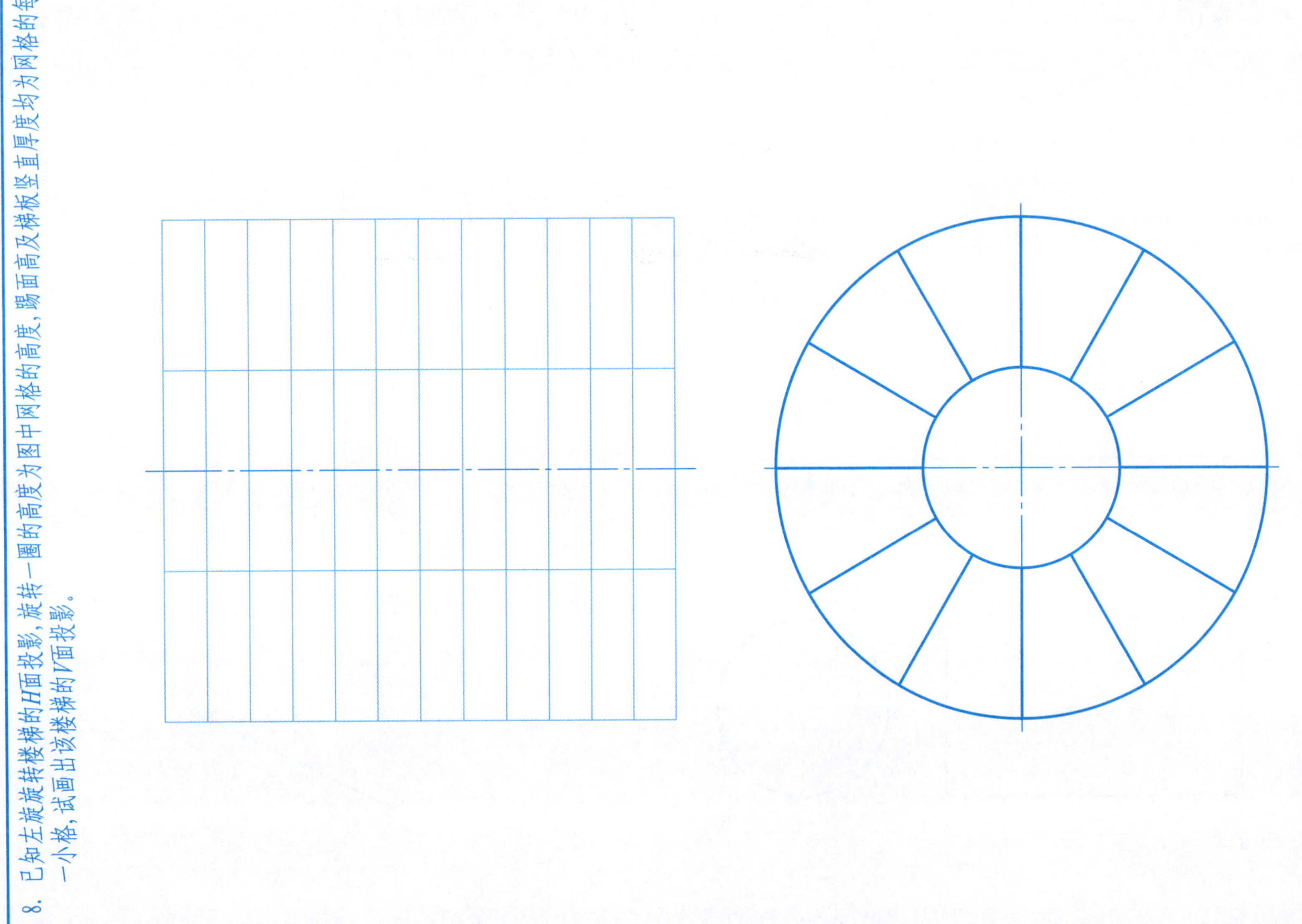

4-1 绘制形体的正等轴测图(一)

班级　　姓名　　学号

1. 绘制下列形体的正等轴测图。

(1)

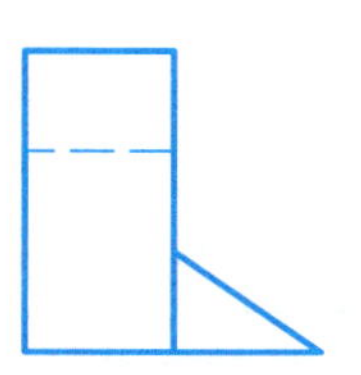

(2)

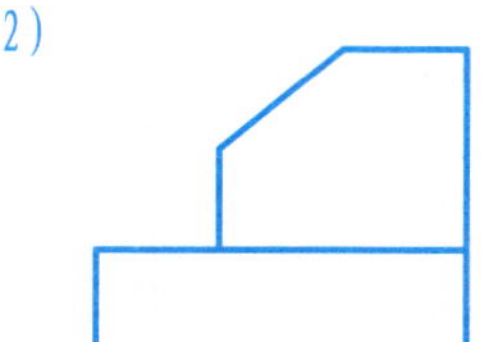

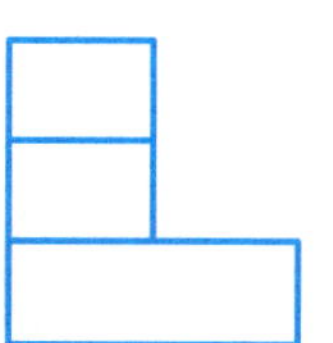

(3)

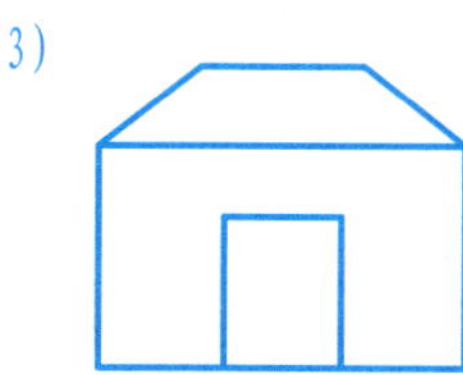

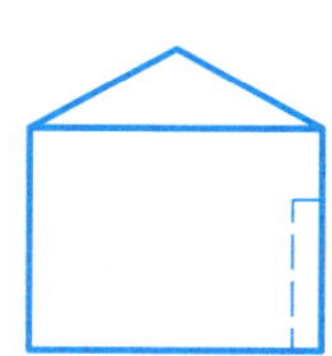

(4)

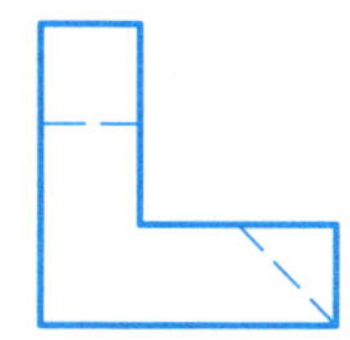

(5)

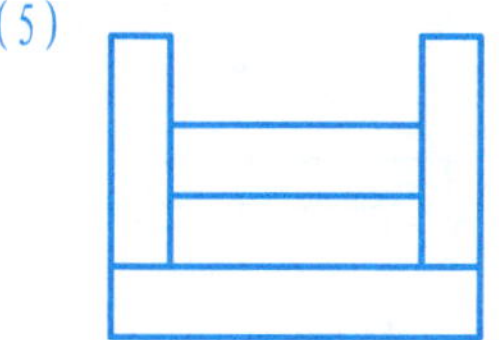

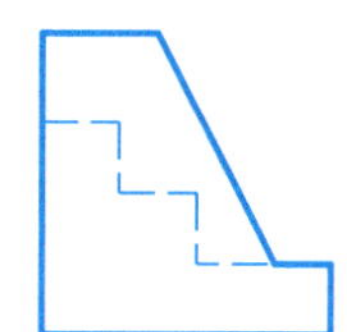

(6)

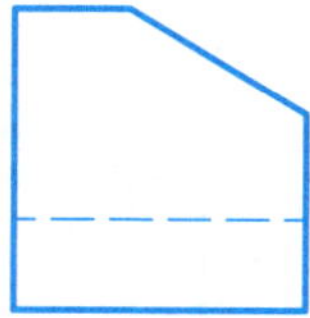

2. 绘制下列形体的正等轴测图。

(1)

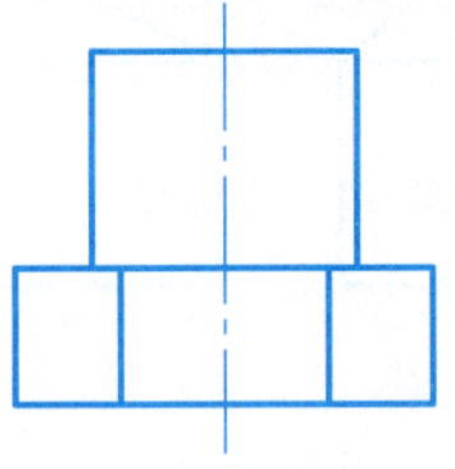

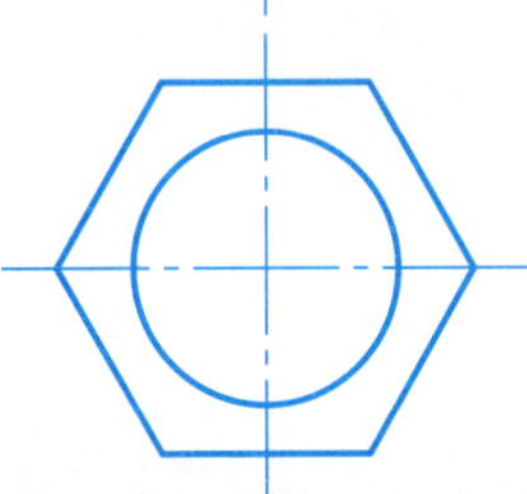

(2)

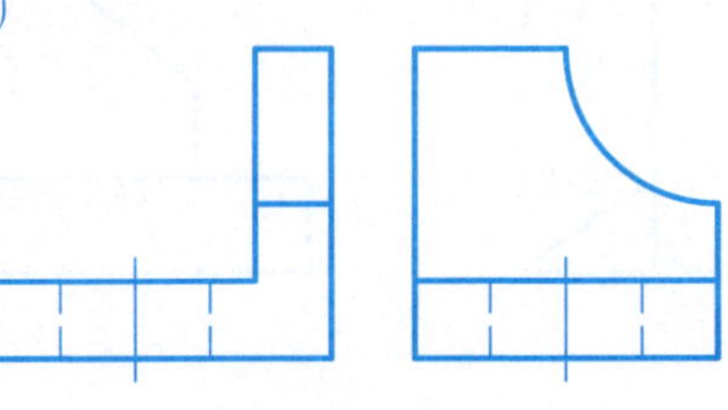

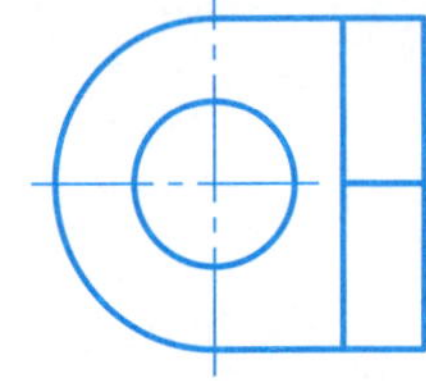

3. 画出梁、板、柱的仰视正等轴测图。

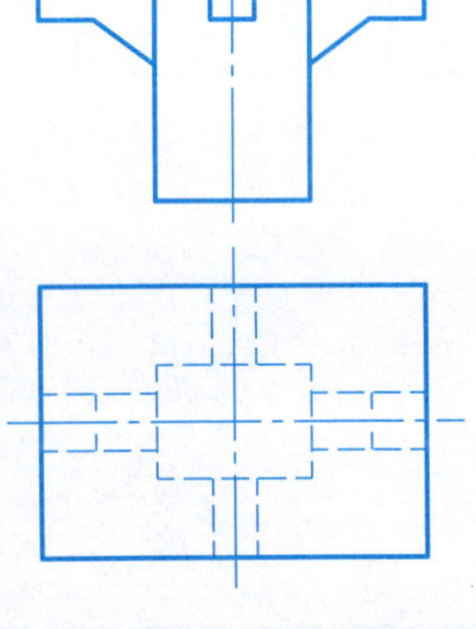

4. 作剖切四分之一后形体的正等轴测图。

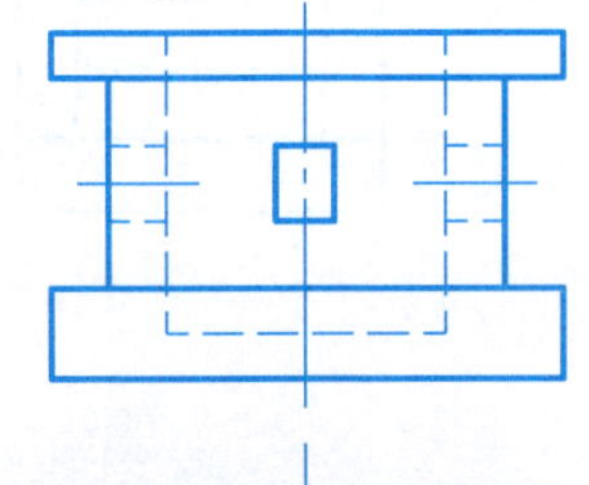

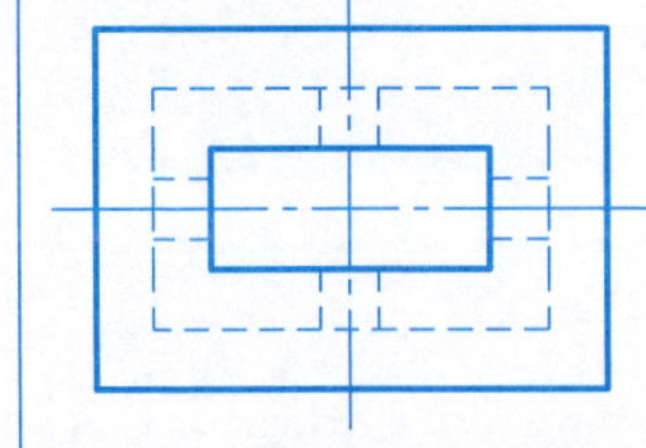

4-2 绘制形体的斜轴测图

班级　　姓名　　学号

1. 绘制下列形体的正面斜轴测图。

(1)

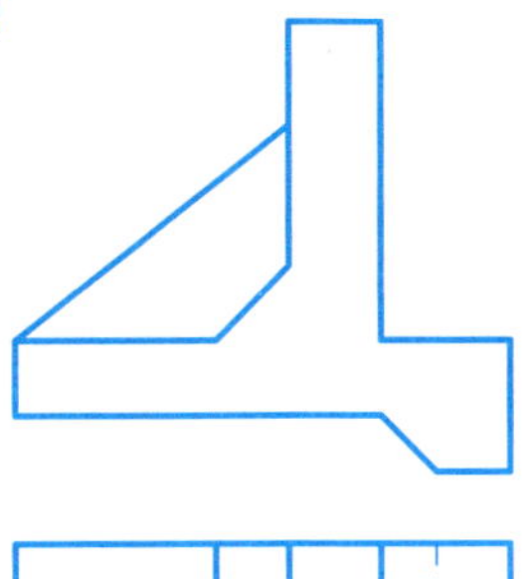

(2)

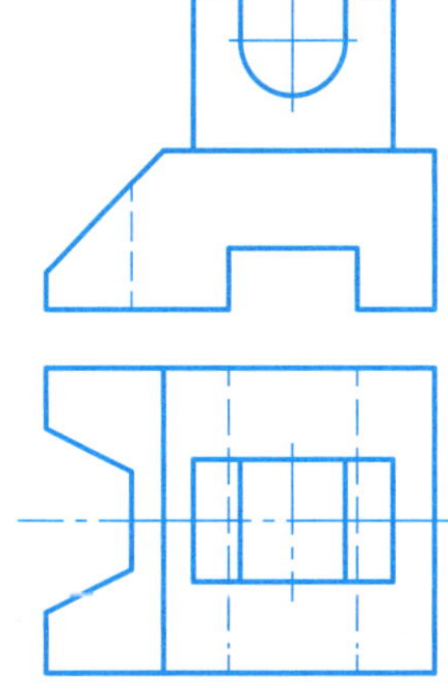

(3)

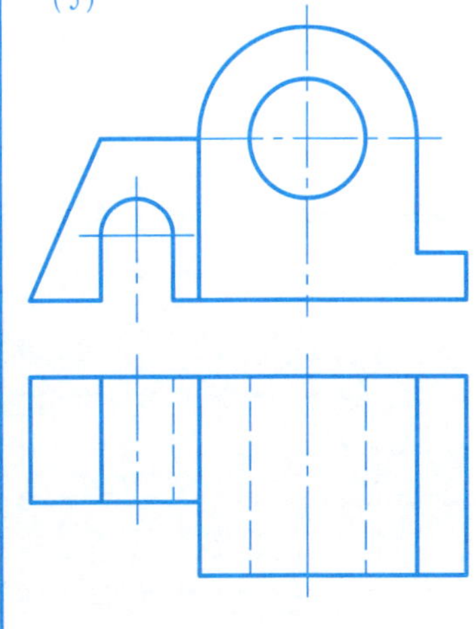

2. 作出形体的水平斜轴测图。

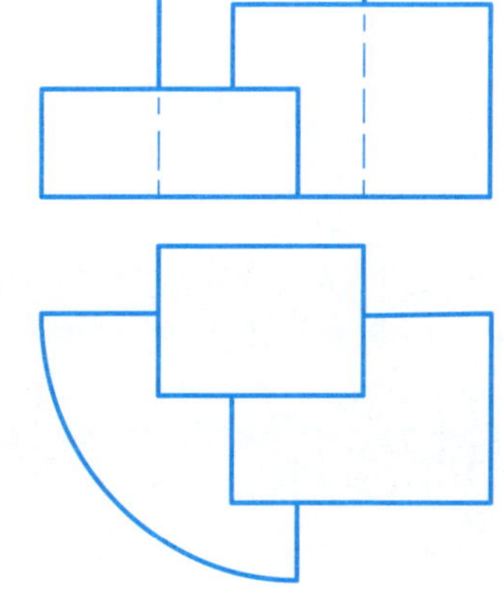

徒手绘制本习题集第5章第46~49页部分形体的正等轴测图,数量由任课教师自定。

4-3 徒手绘制形体的轴测图(二)

班级　　　　姓名　　　　学号

1. 读懂形体三视图，将对应的轴测图编号填入圆圈内。

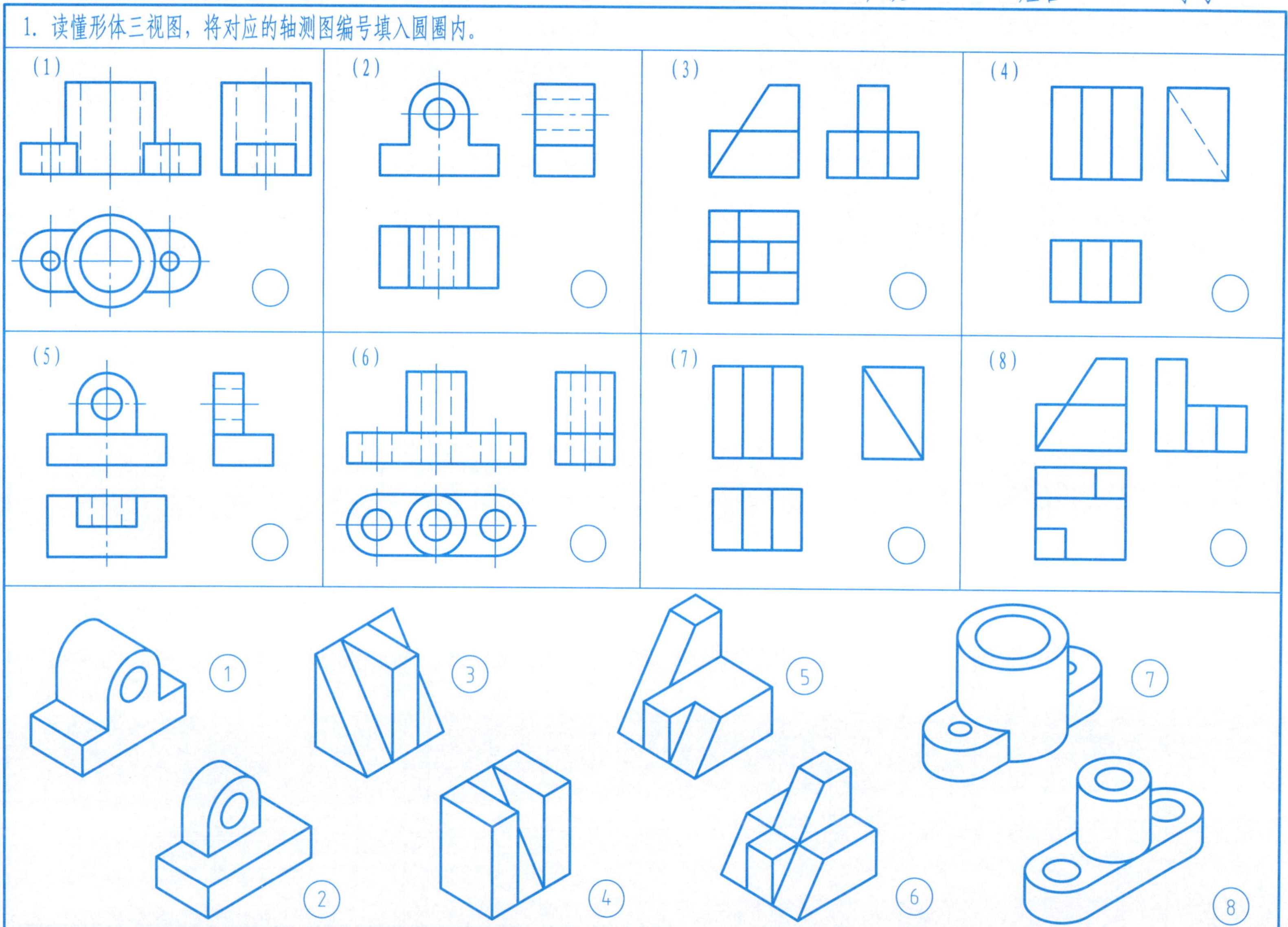

2. 根据轴测图,补画视图中所缺的图线。

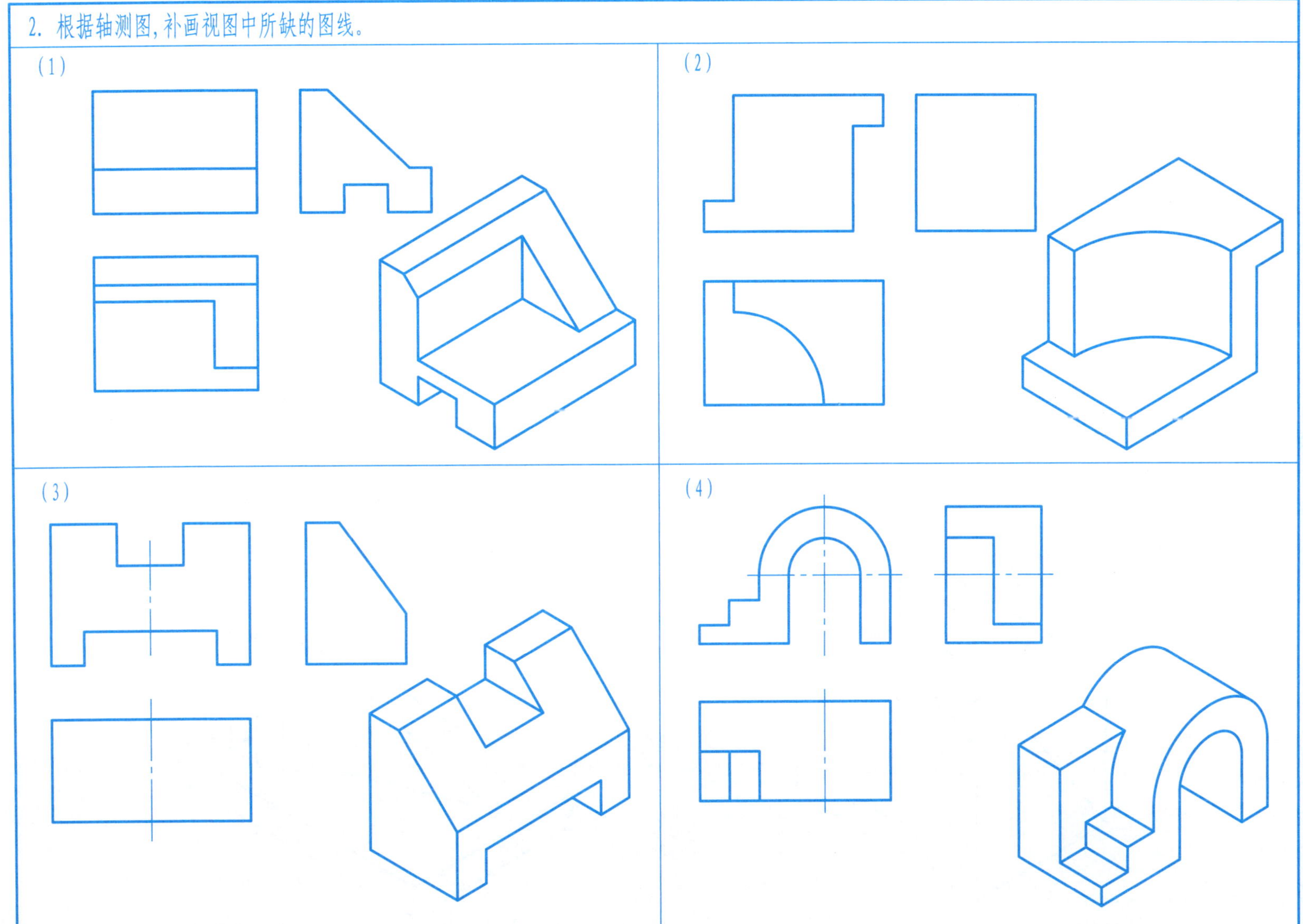

1. 根据所给轴测图徒手绘制三视图。

(1)

(2)

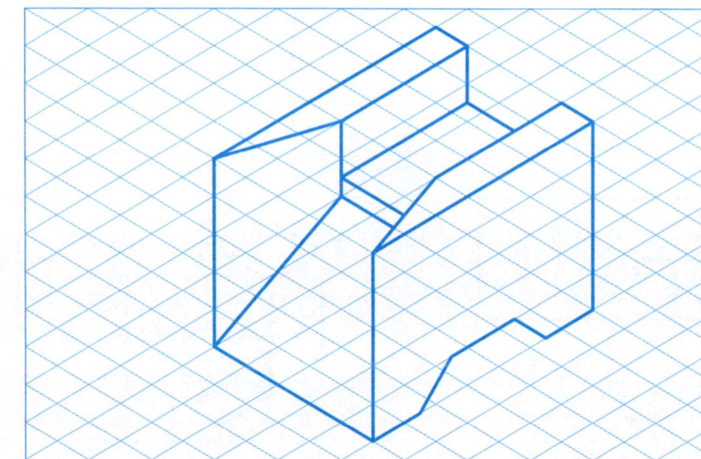

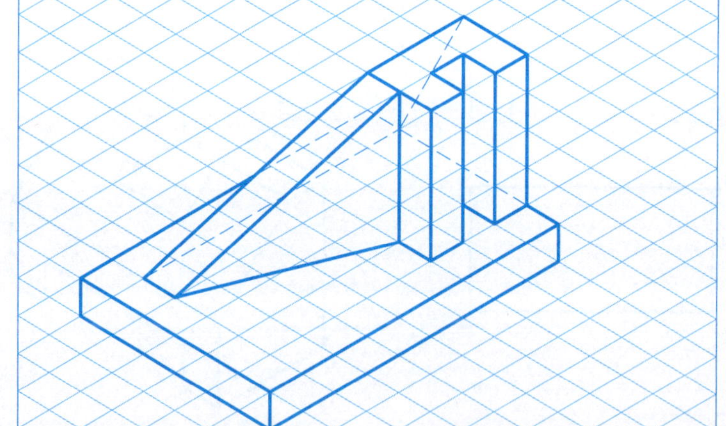

2. 根据组合体的轴测图,在A3纸上绘制三视图(尺寸在轴测图上按轴测轴方向1:1量取)。

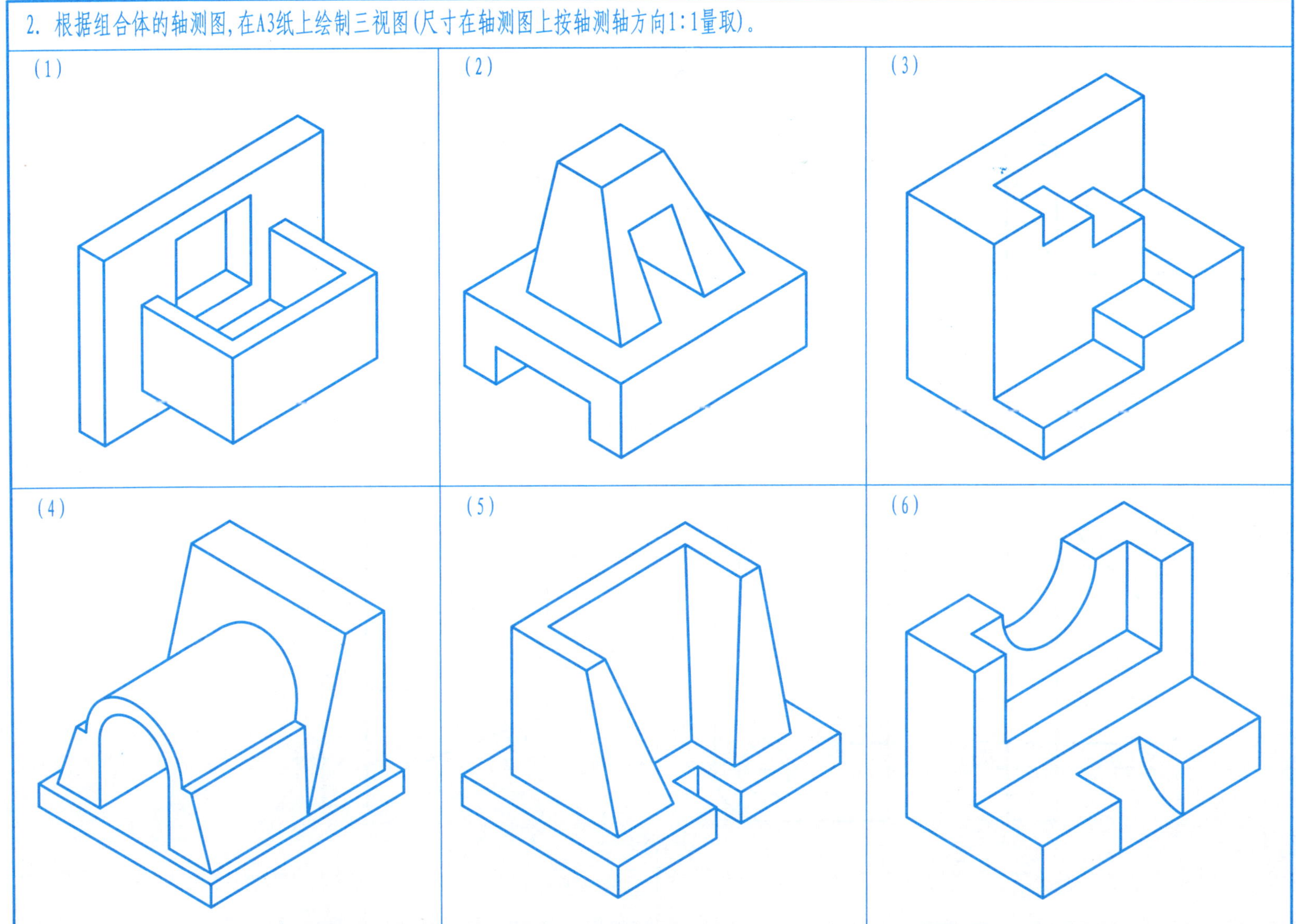

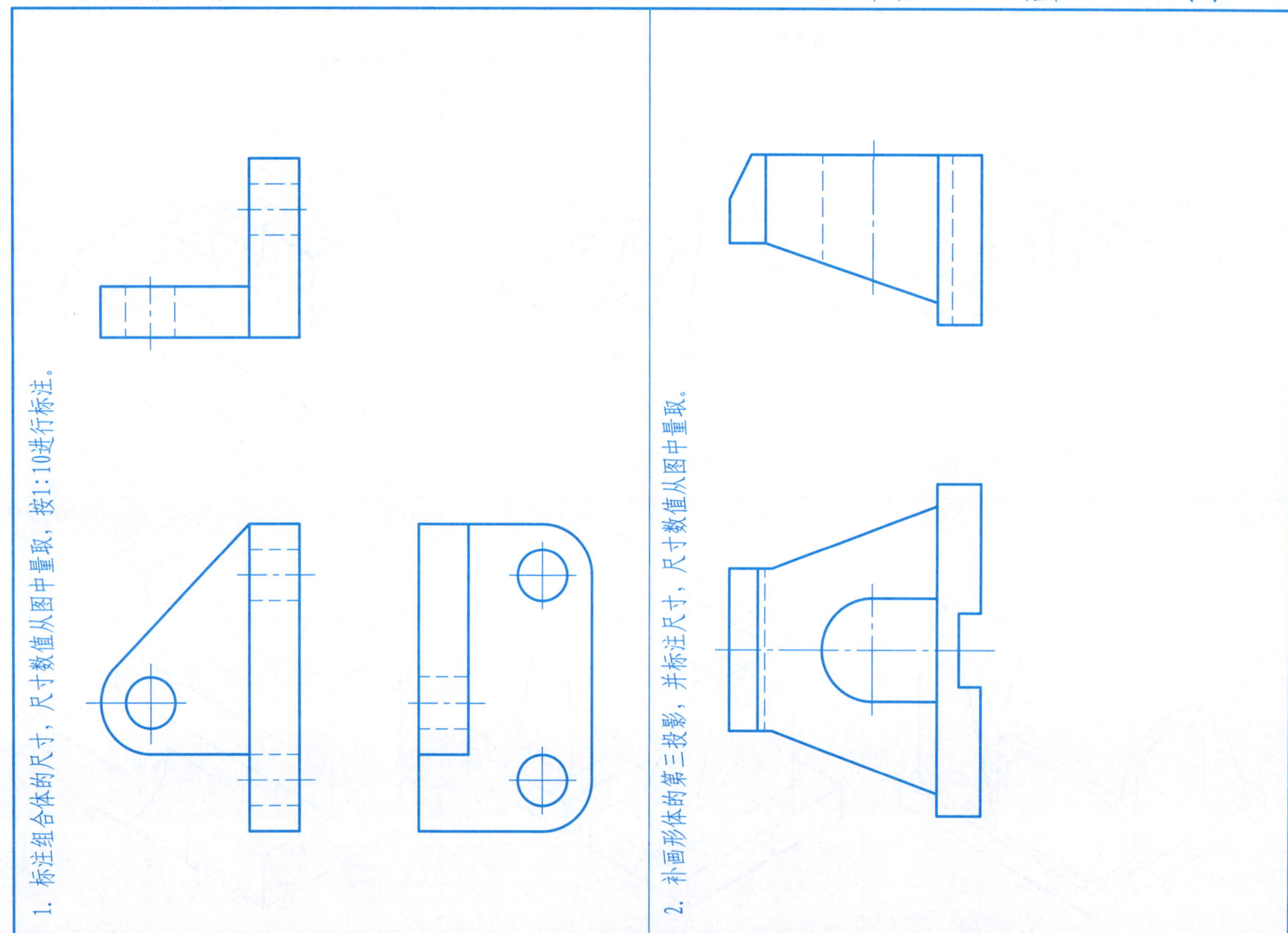

1. 标注组合体的尺寸，尺寸数值从图中量取，按1:10进行标注。

2. 补画形体的第三投影，并标注尺寸，尺寸数值从图中量取。

3. 根据组合体的轴测图，选择适当比例，在A3幅面图纸上绘制三视图，并标注尺寸。

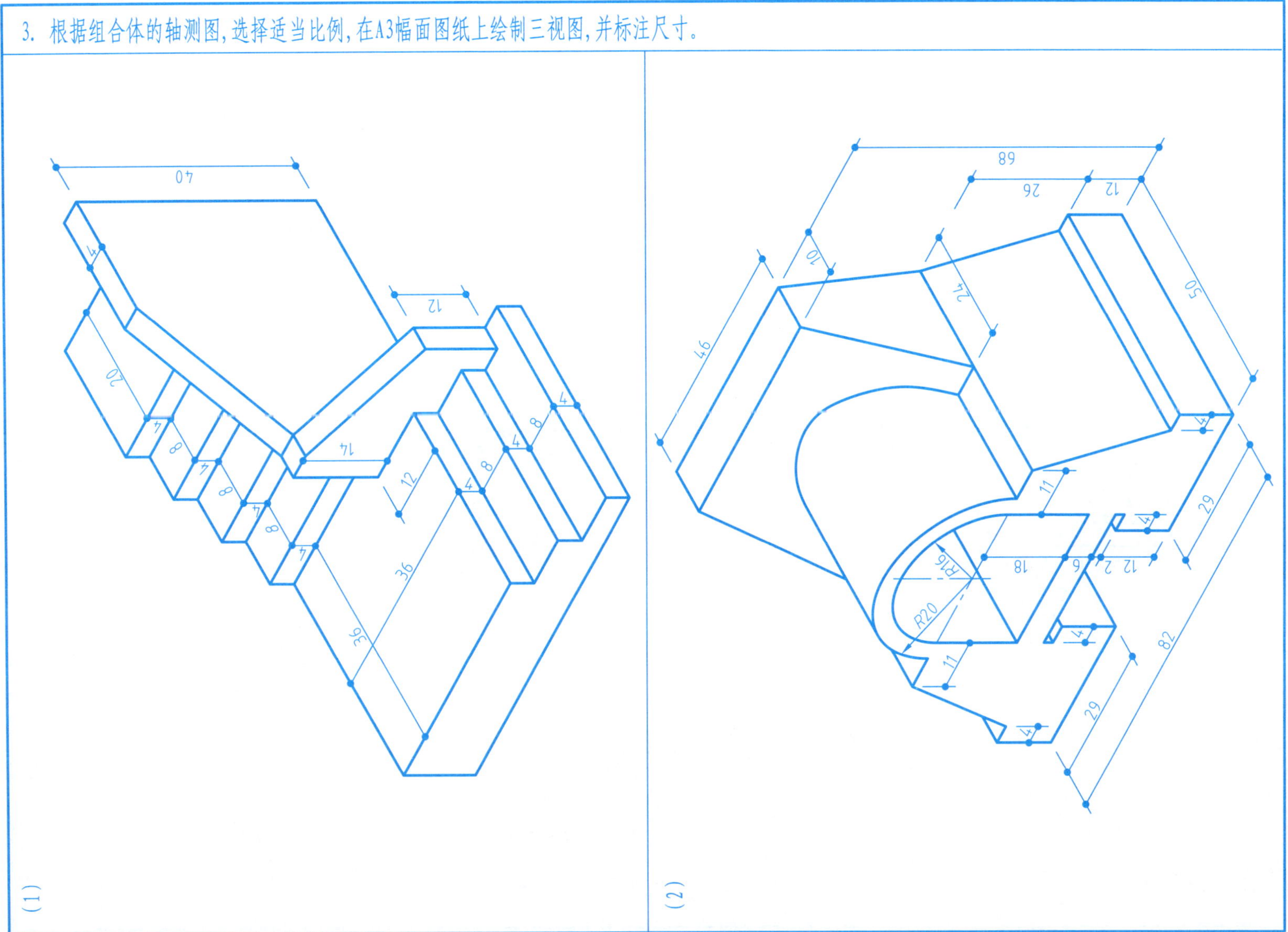

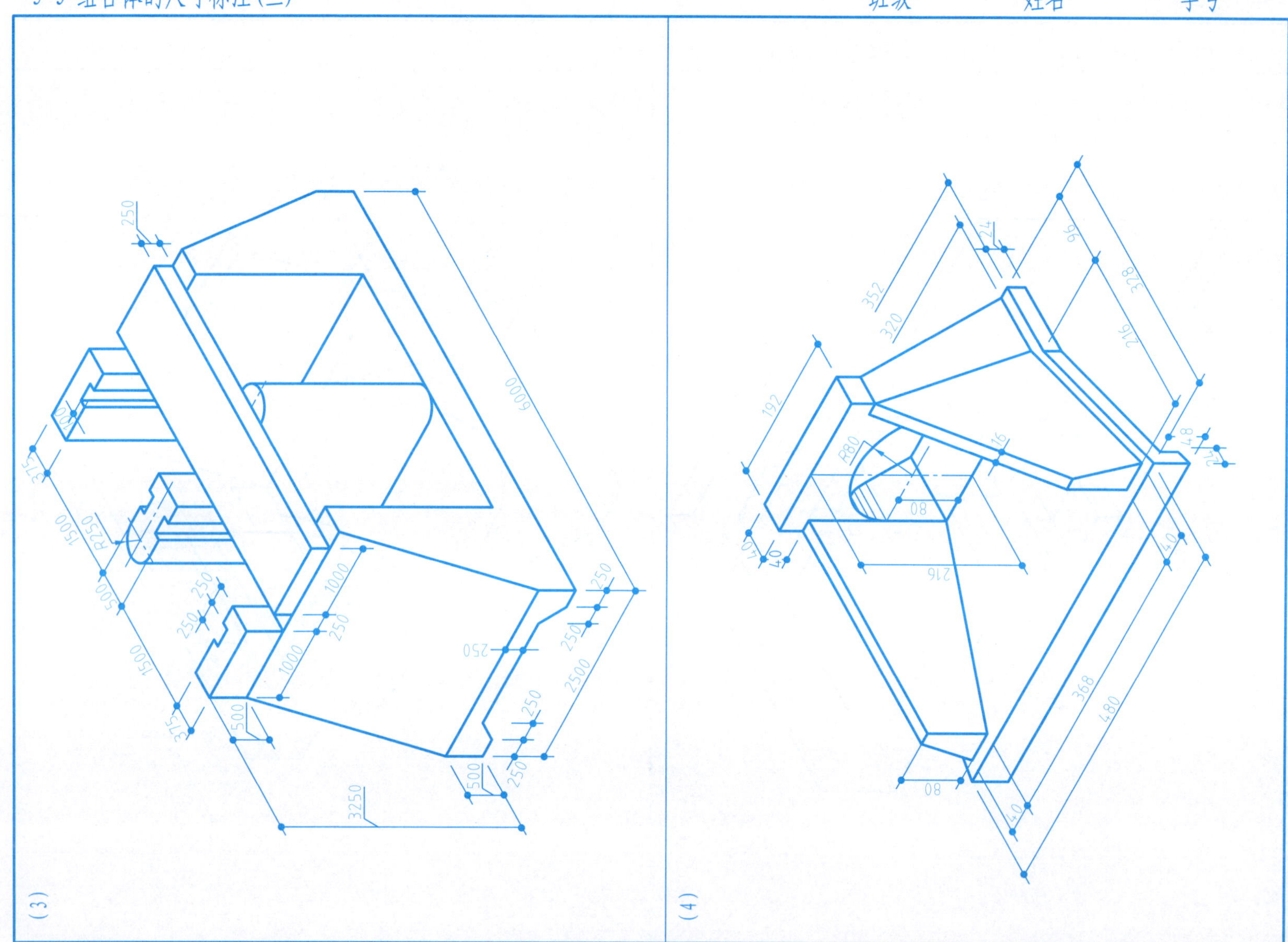
250
6000
R250
1500
1500
1500
375
375
100
500
250
250
1000
250
1000
250
250
250
2500
250
250
500
500
3250
(3)
352
320
24
96
328
216
192
R80
16
48
24
80
40
40
216
40
368
480
80
40
(4)

1. 根据已给出的两面视图,选择正确的第三视图并打“√”。

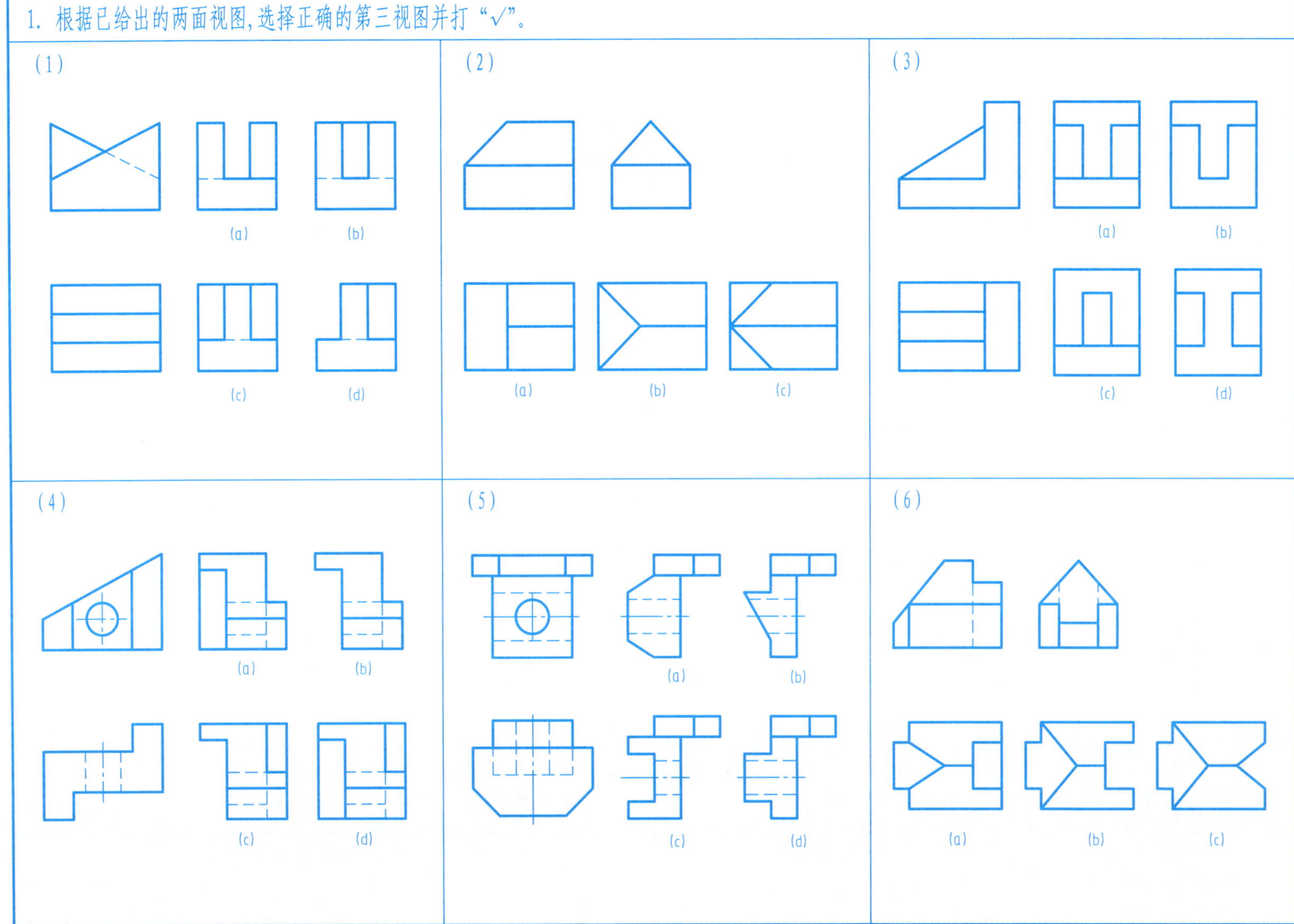

5-4 组合体视图的识读(二)

班级　　　　姓名　　　　学号

2. 已知七组视图,俯视图形状一样,主视图不同,找出相应的左视图,并把序号填入表中。

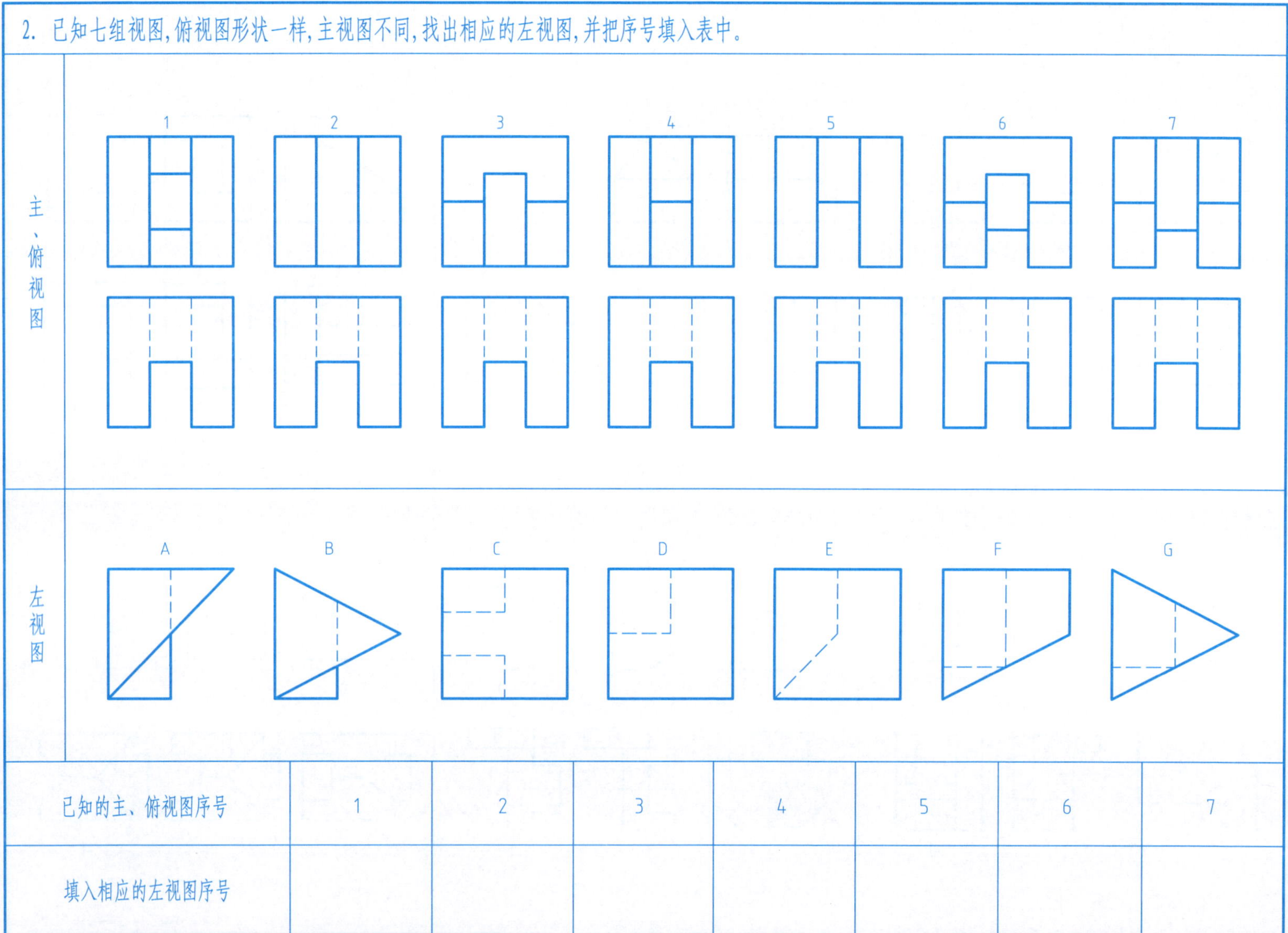

已知的主、俯视图序号	1	2	3	4	5	6	7
填入相应的左视图序号							

3. 补画视图中所缺的图线。

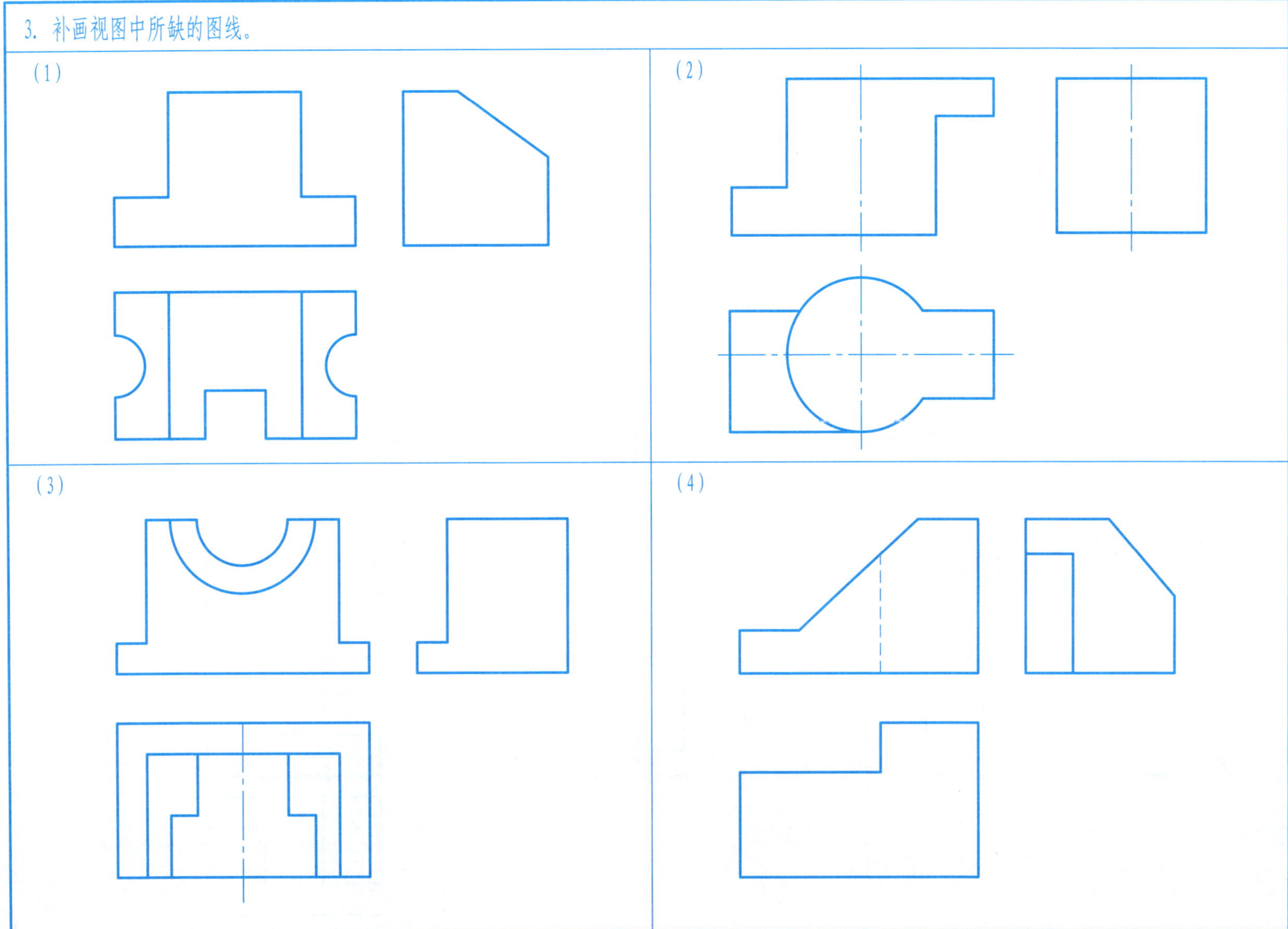

4. 已知两面视图,补画所缺的第三视图(也可供绘制轴测图选用)。

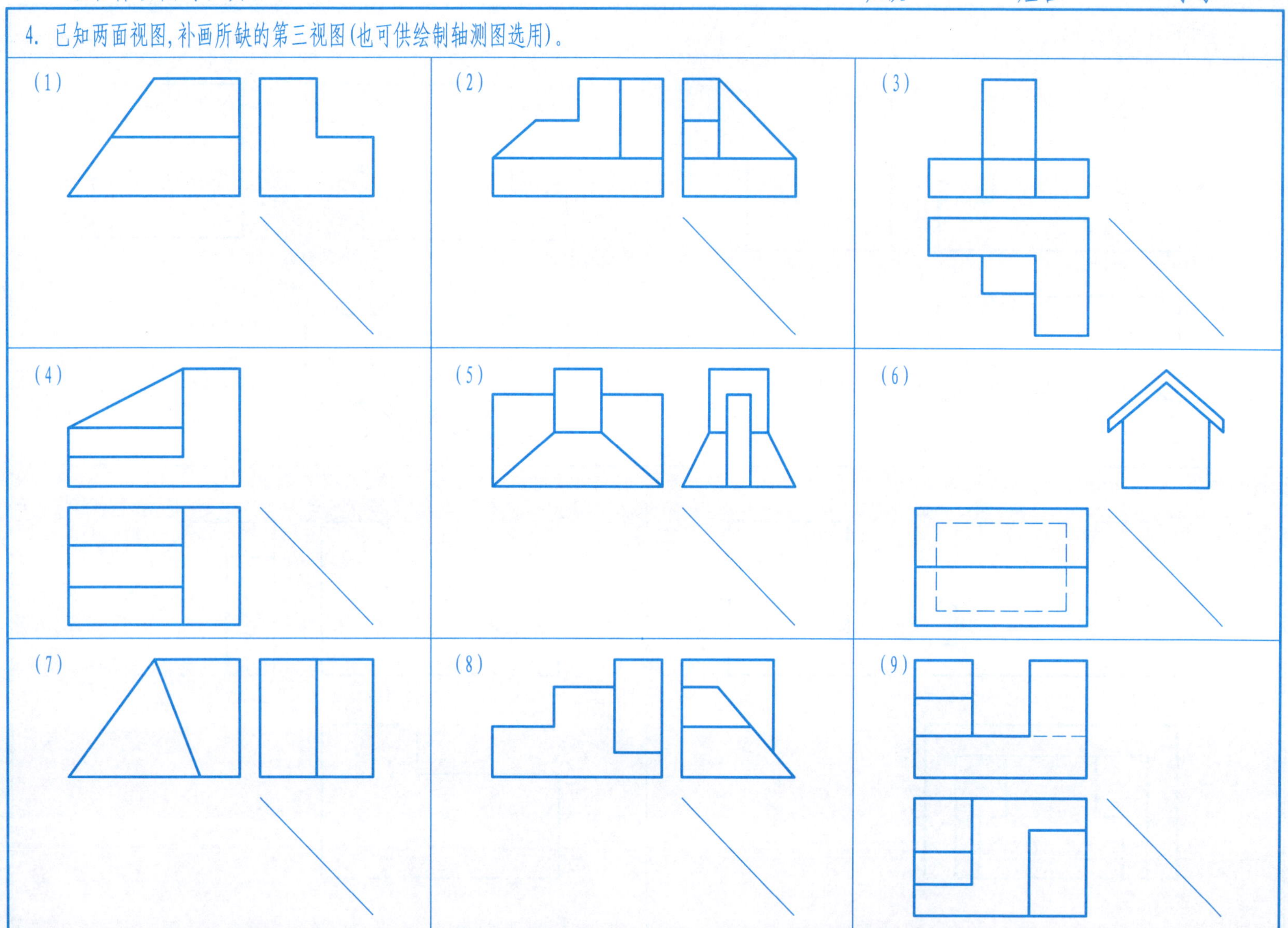

5. 根据给出的两面视图,补画第三视图。

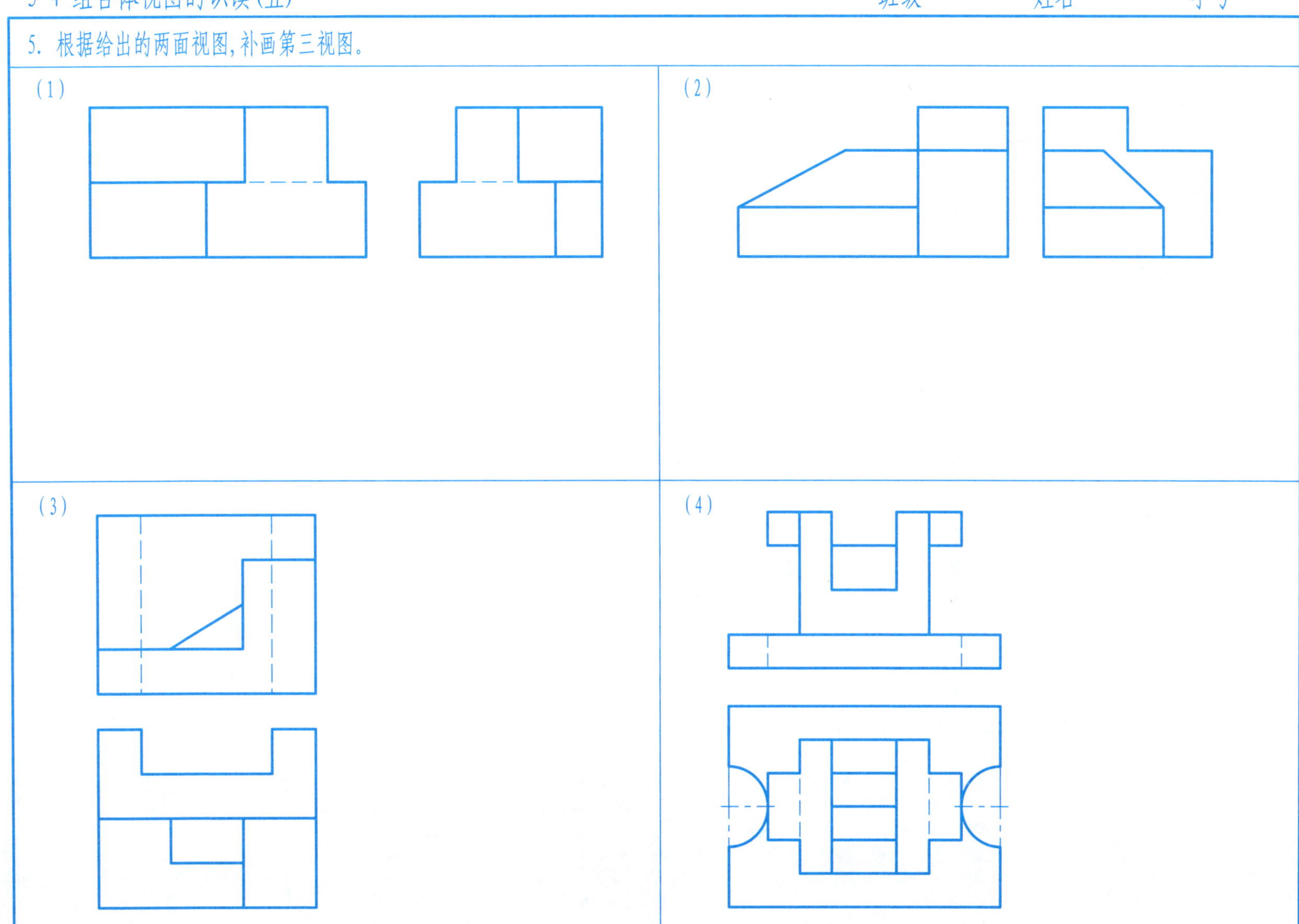

(5)

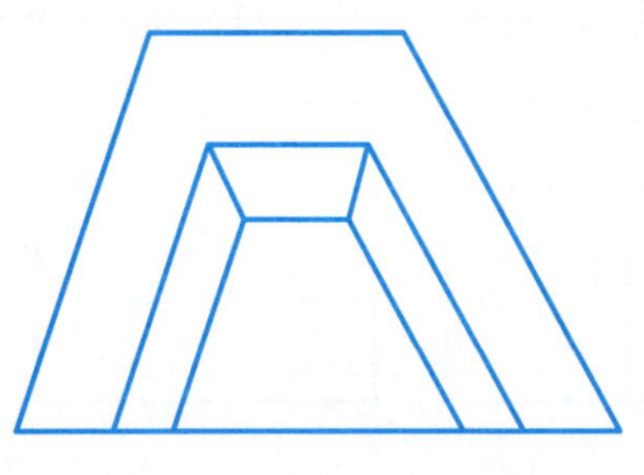

(6)

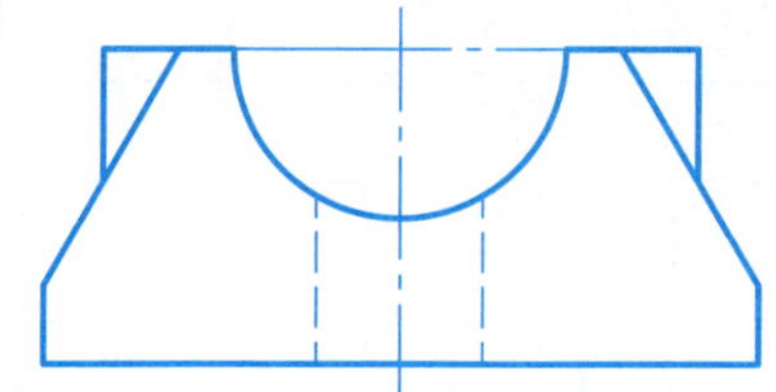

(7)

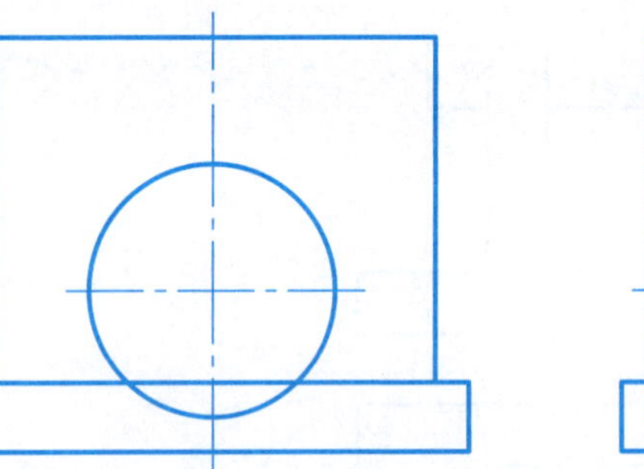

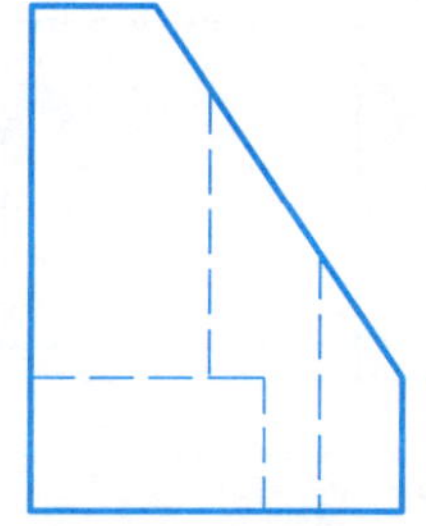

(8)

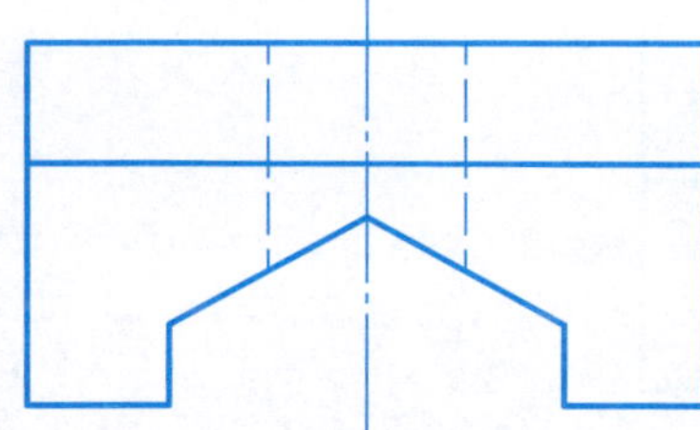

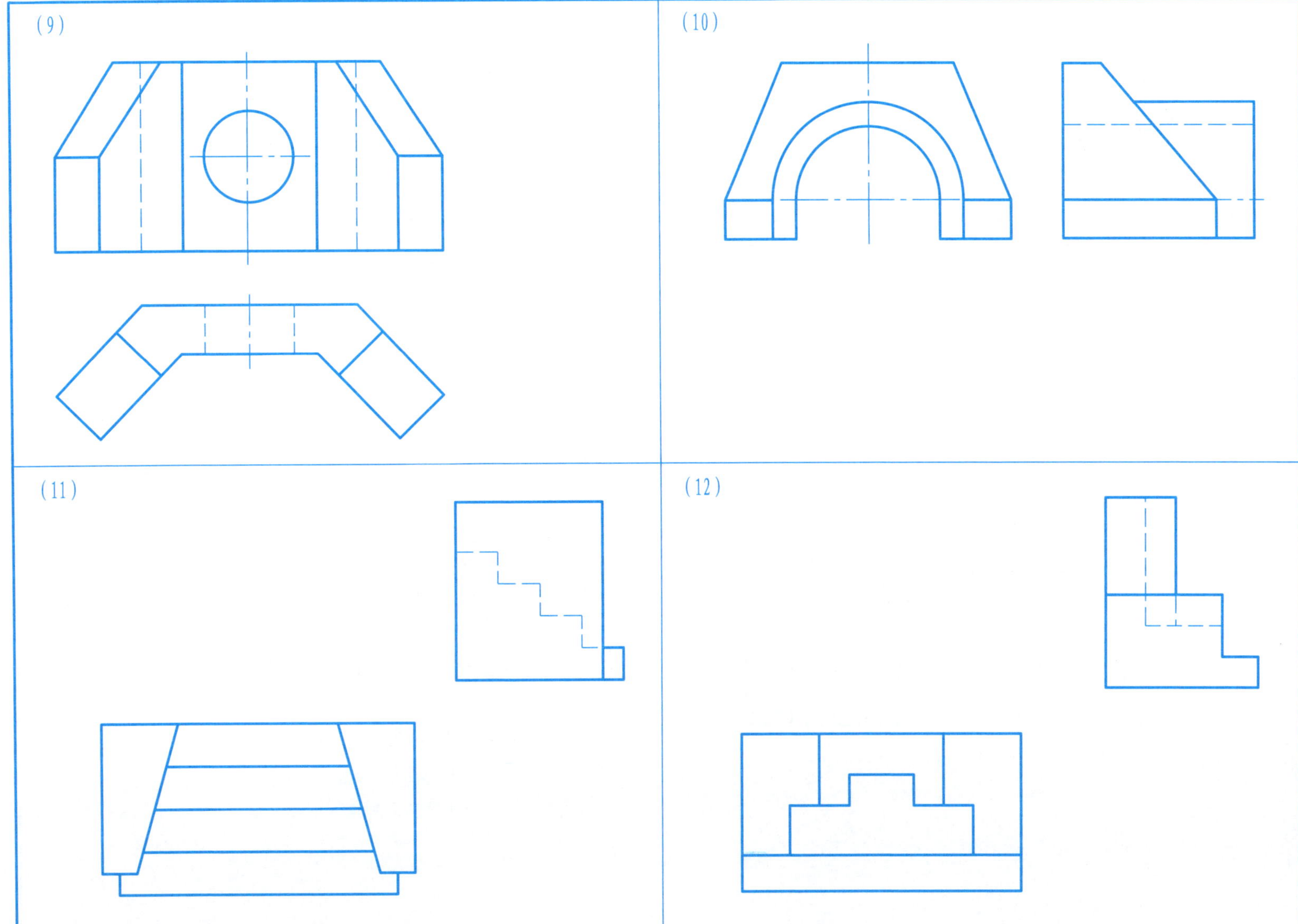
(9)
(10)
(11)
(12)

(13)

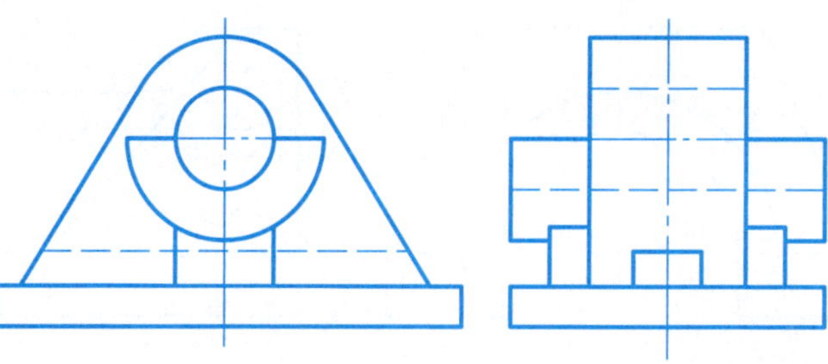

(14)

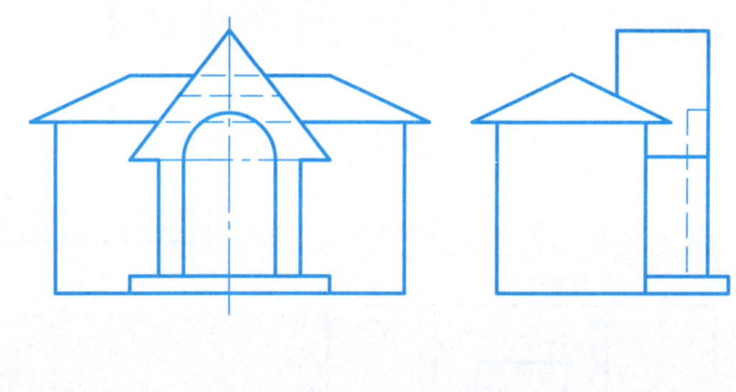

尺规绘图　　绘图指导

一、目的

(1) 熟练掌握正确使用绘图工具的使用方法。

(2) 掌握用三面投影图表达组合体的画图方法。

(3) 掌握组合体的尺寸标注。

二、图名、图幅、比例与图号

(1) 图名:组合体的三面投影图、组合体的尺寸标注。

(2) 图幅:A3。

(3) 比例:按所选图样自行确定比例。

(4) 图号:04、05。

三、内容

绘制本习题集第41、42页组合形体的三视图,并标注尺寸。

四、要求

(1) 作图准确，粗细分明，同种线型宽度一致，字体端正，图面整洁。

(2) 各个投影图的位置要布置恰当，并留有标注尺寸的位置。

(3) 直线和曲线的线宽必须做到粗细一致，建议粗实线线宽约为0.7mm，中实线和虚线线宽约为0.35mm，细实线、点画线、尺寸线、尺寸界线线宽约为0.18mm。

(4) 汉字采用长仿宋体7号或5号，数字用3.5号或2.5号。

五、说明

(1) 每一图样必须完整地标注尺寸，第一道尺寸距图样最外轮廓线10~15mm，每道尺寸之间距离7~10mm，且保持一致。

(2) 加深图线时，应先画圆弧，后画直线。

1. 根据俯视图构思出不同形状的组合体，并画出其主视图。

(1)　(2) 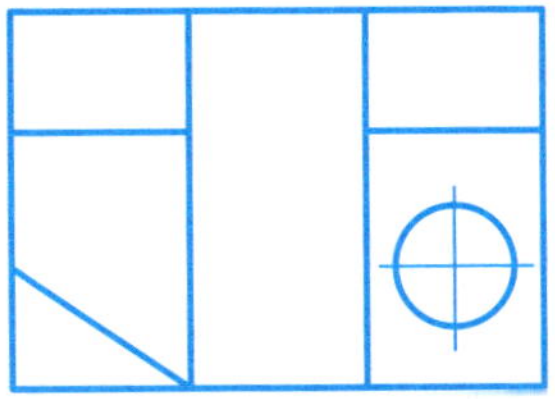　(3) 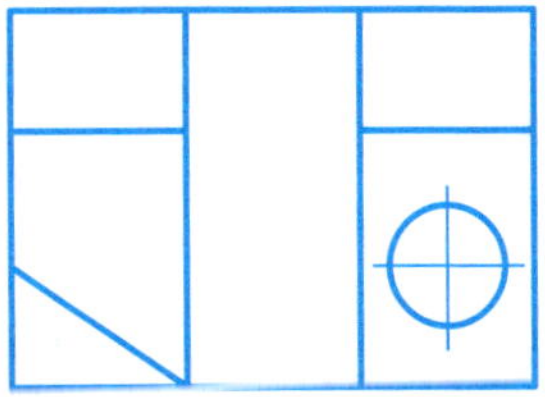　(4)

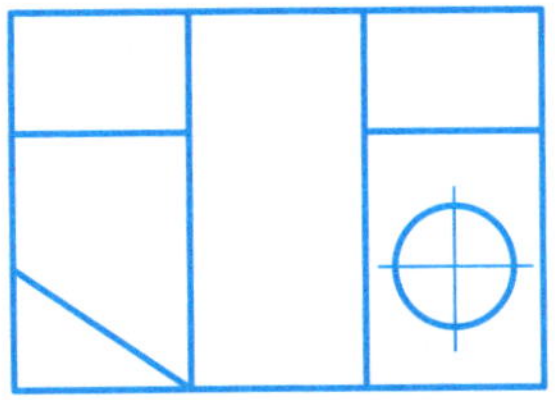

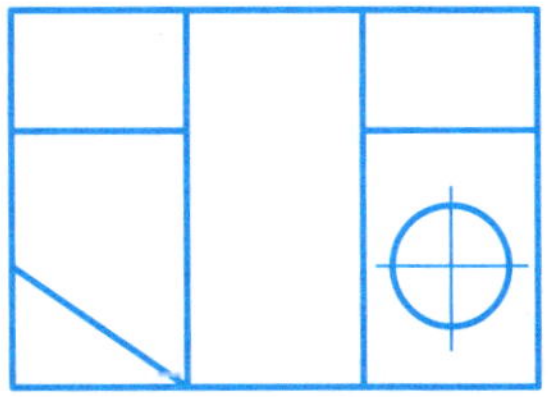

2. 根据三视图，画出与之互补为圆柱体的立体的三视图。

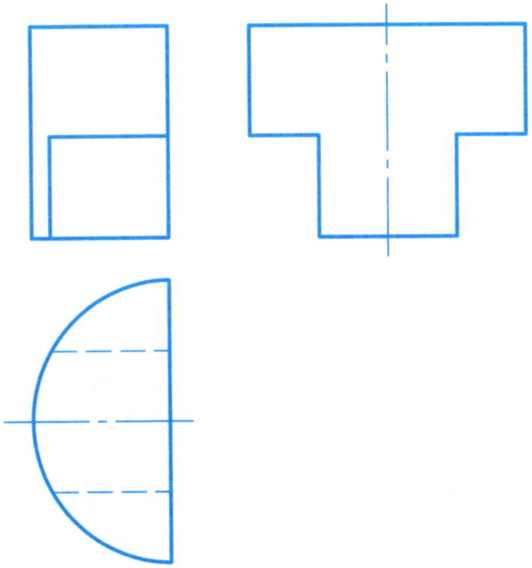

1. 根据所给出的三面投影图，绘制底面图、右侧立面图和背立面图(不画虚线)。

2. 试在指定位置按图示附加尺寸画出箭头所示方向的斜视图和局部视图。

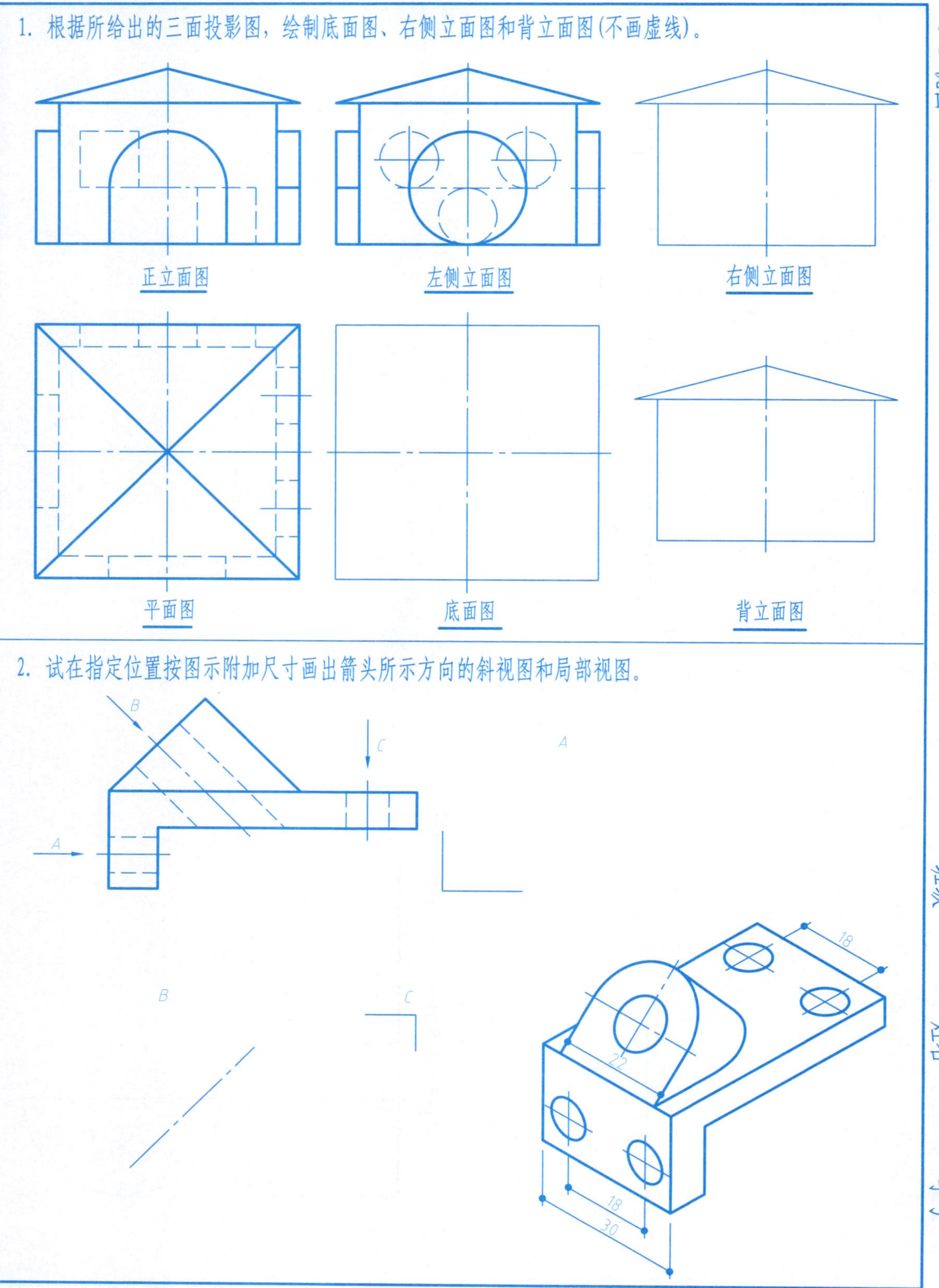

班级　　　姓名　　　学号

1. 在指定位置绘制1—1剖视图。

(1)

1—1

(2)

1—1

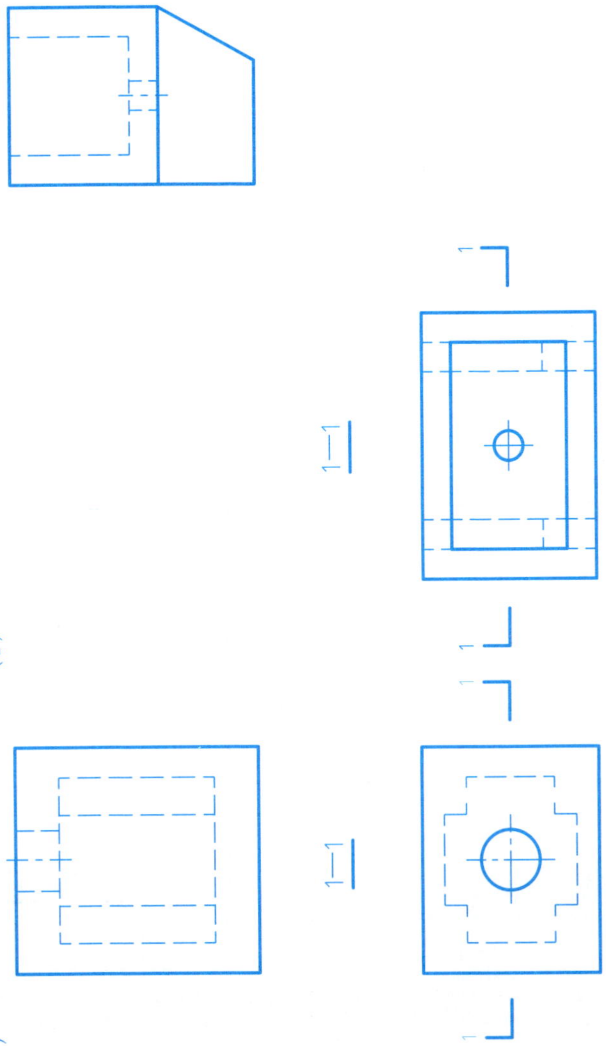

2. 将主视图改为1—1剖视图，并在指定位置补画2—2剖视图。

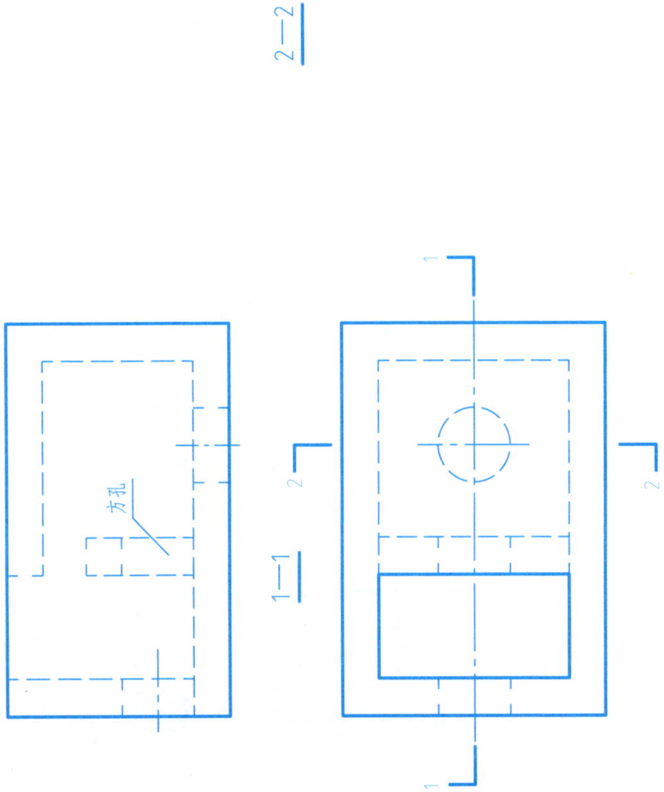

方孔

1—1

2—2

3. 在指定位置绘制2—2剖视图。

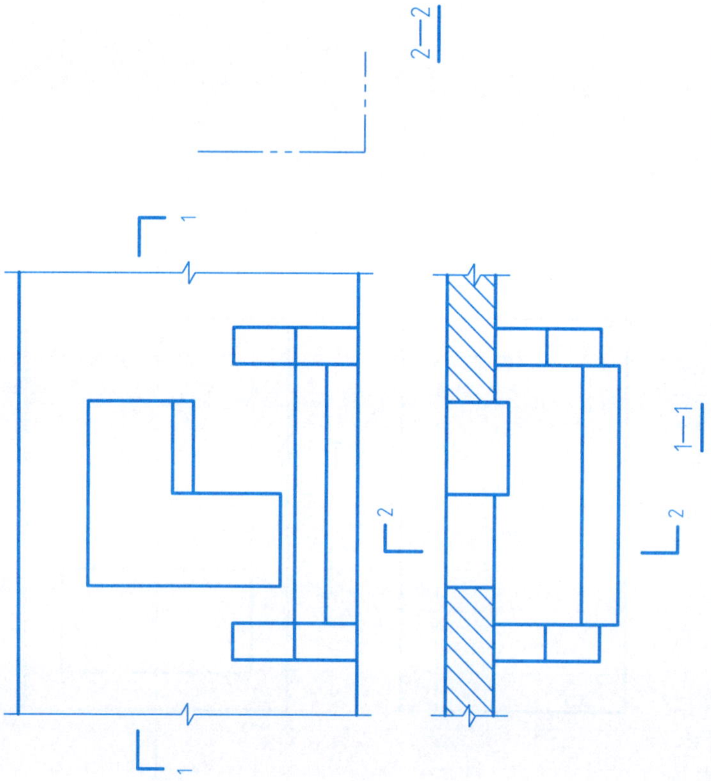

2—2

1—1

4. 作出形体的1—1和2—2全剖视图。

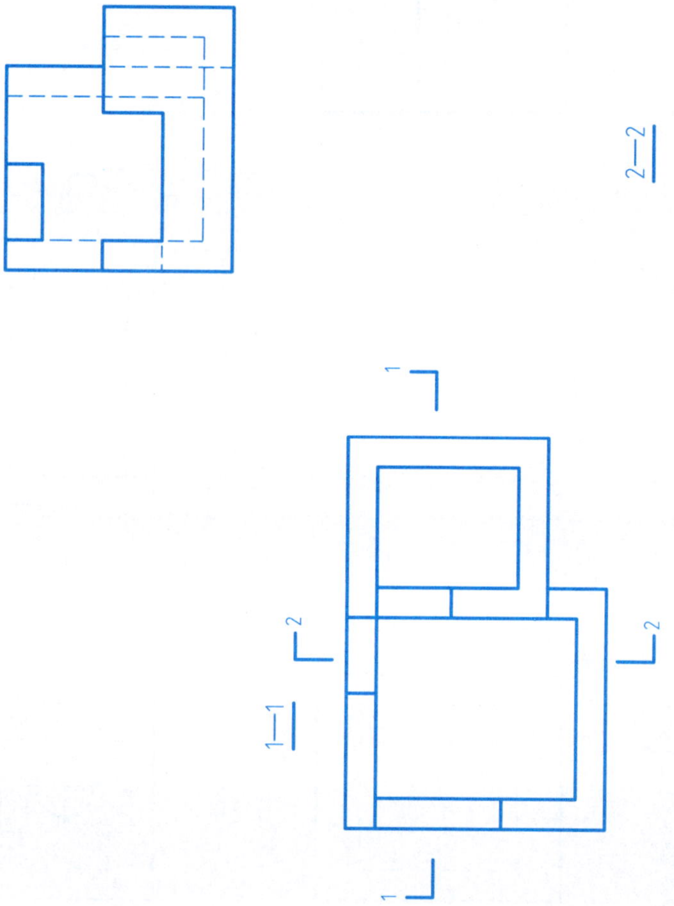

2—2

1—1

5. 作2—2半剖视图。

6. 绘制混凝土涵洞的1—1全剖视图和2—2半剖视图。

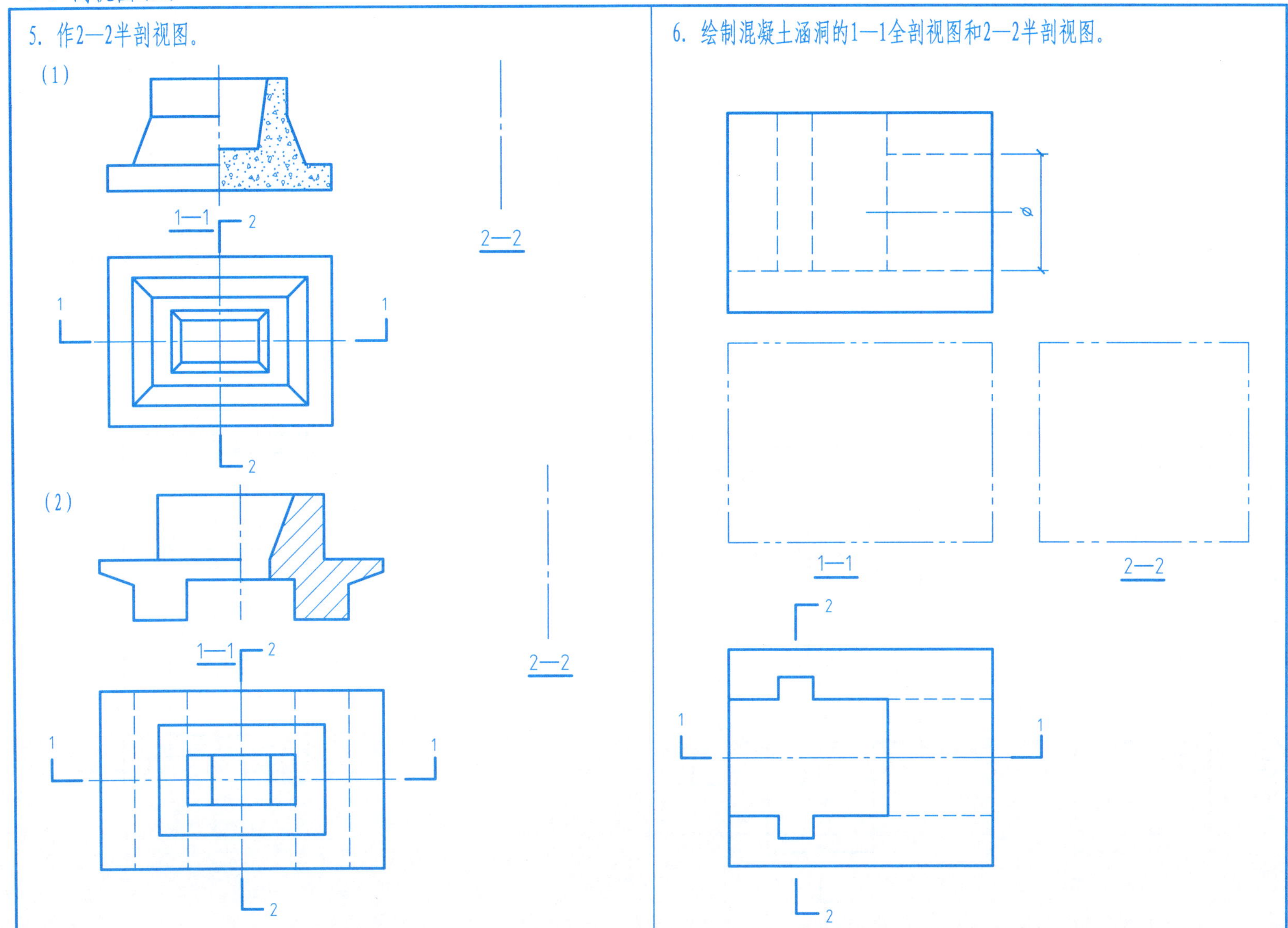

7. 将主视图改为1—1全剖视图，并在指定位置补画2—2半剖视图(不要的线打“x”)。

8. 绘制1—1全剖视图和2—2半剖视图。

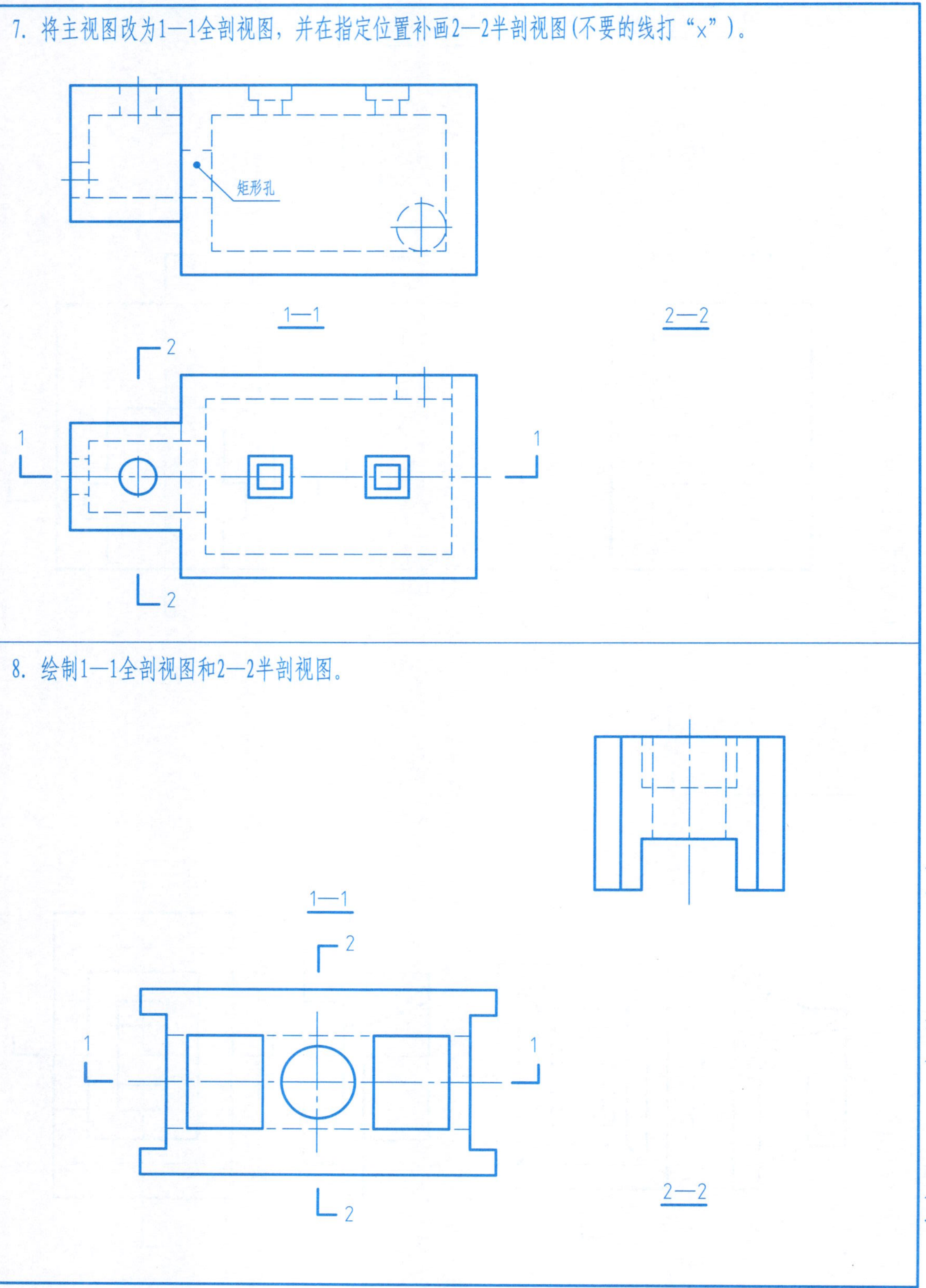

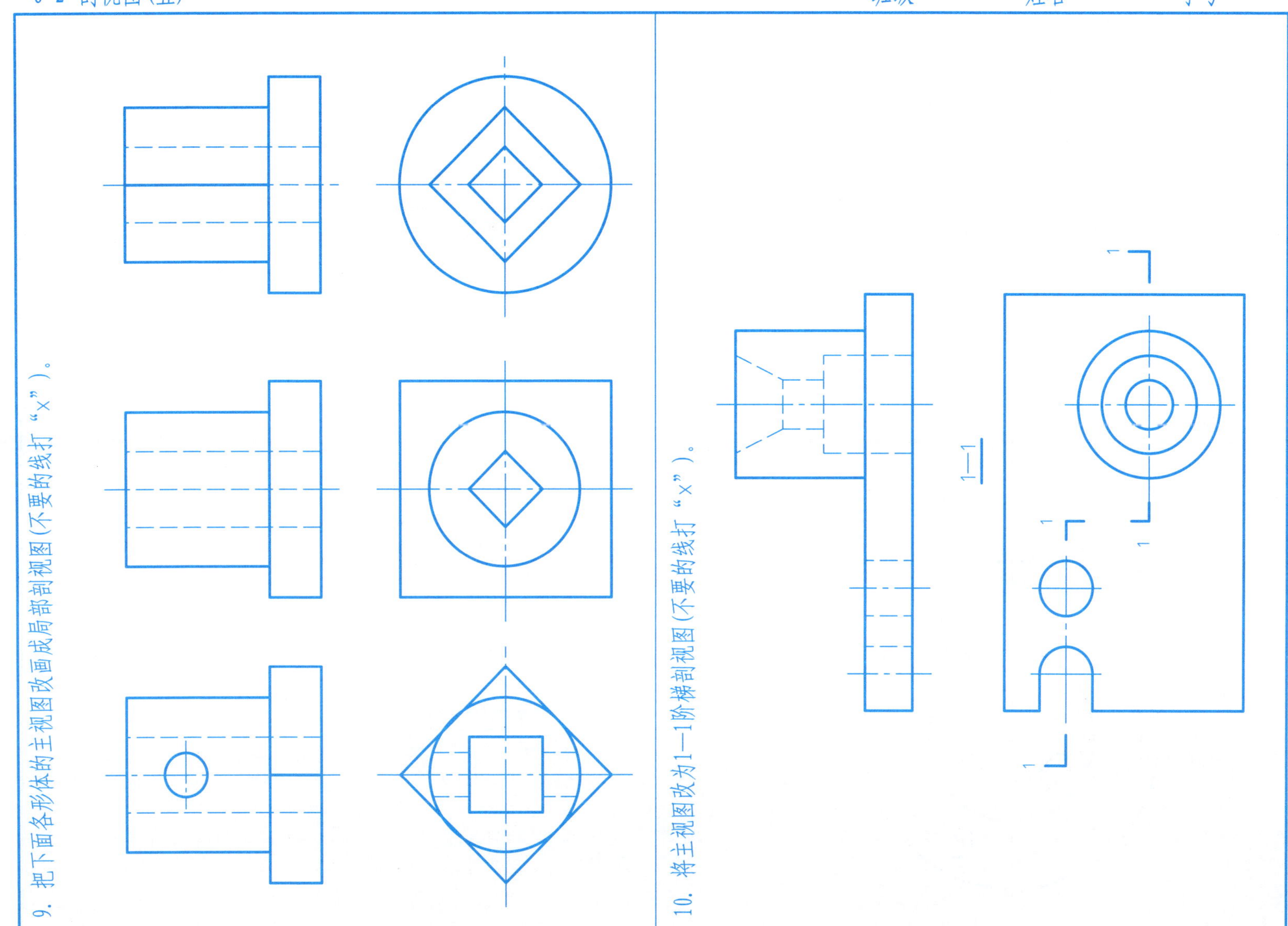

9. 把下面各形体的主视图改画成局部剖视图(不要的线打"×")。

10. 将主视图改为1—1阶梯剖视图(不要的线打"×")。

11. 在指定位置绘制1—1旋转剖视图。

12. 在指定位置绘制1—1、2—2剖视图。

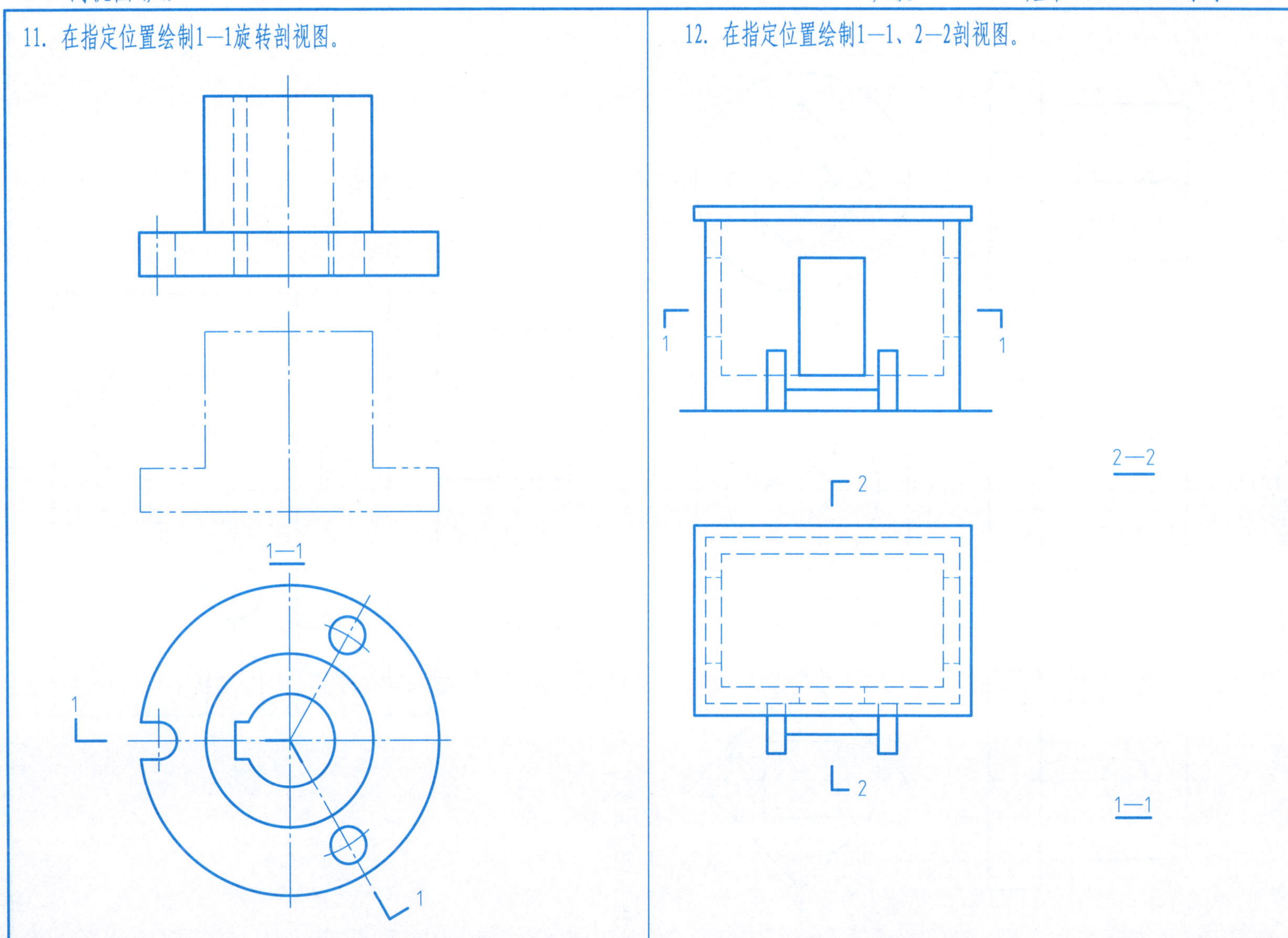

13. 在指定位置绘制1—1全剖视图和2—2半剖视图。

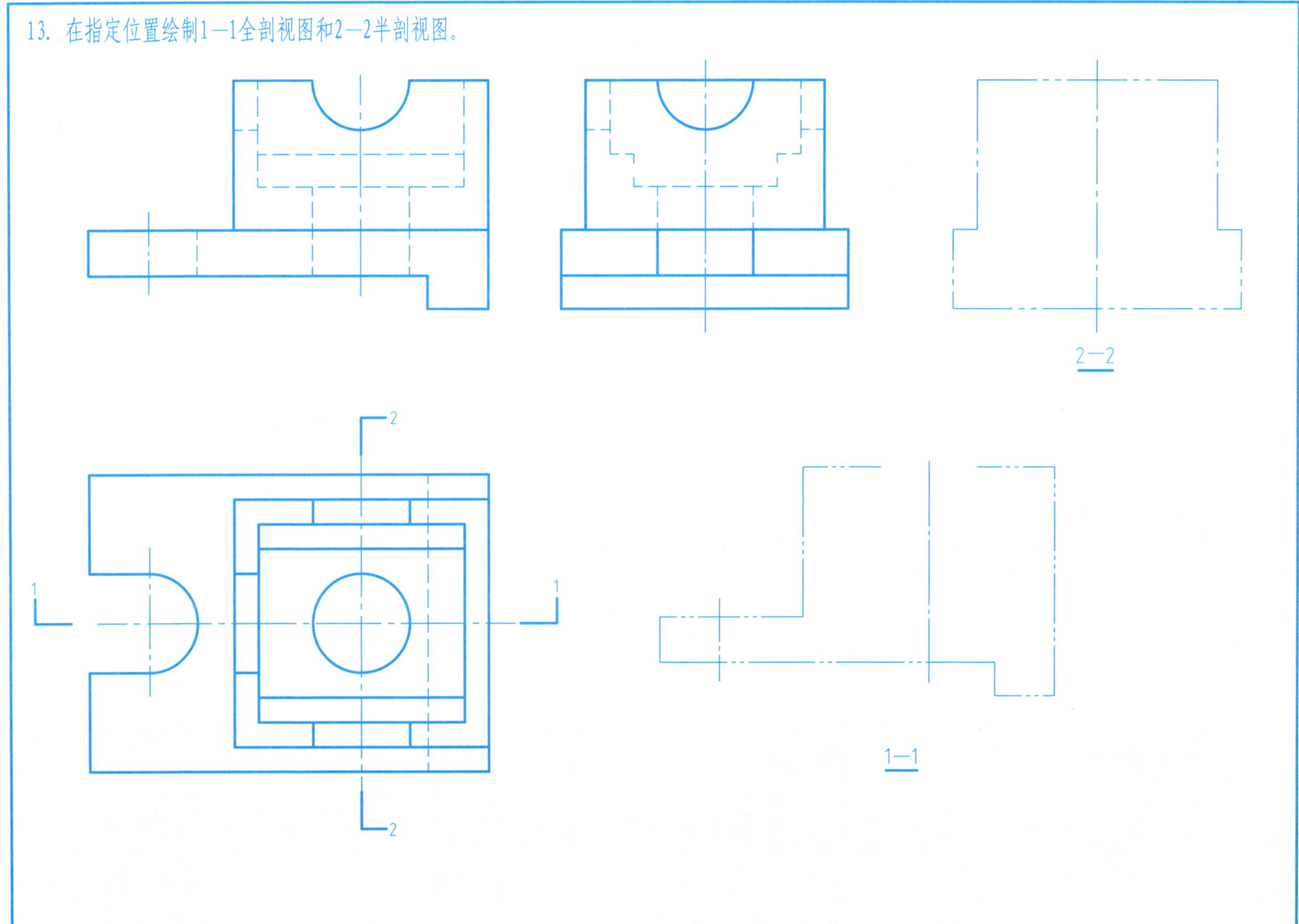

14. 在指定位置绘制1—1、2—2剖视图。

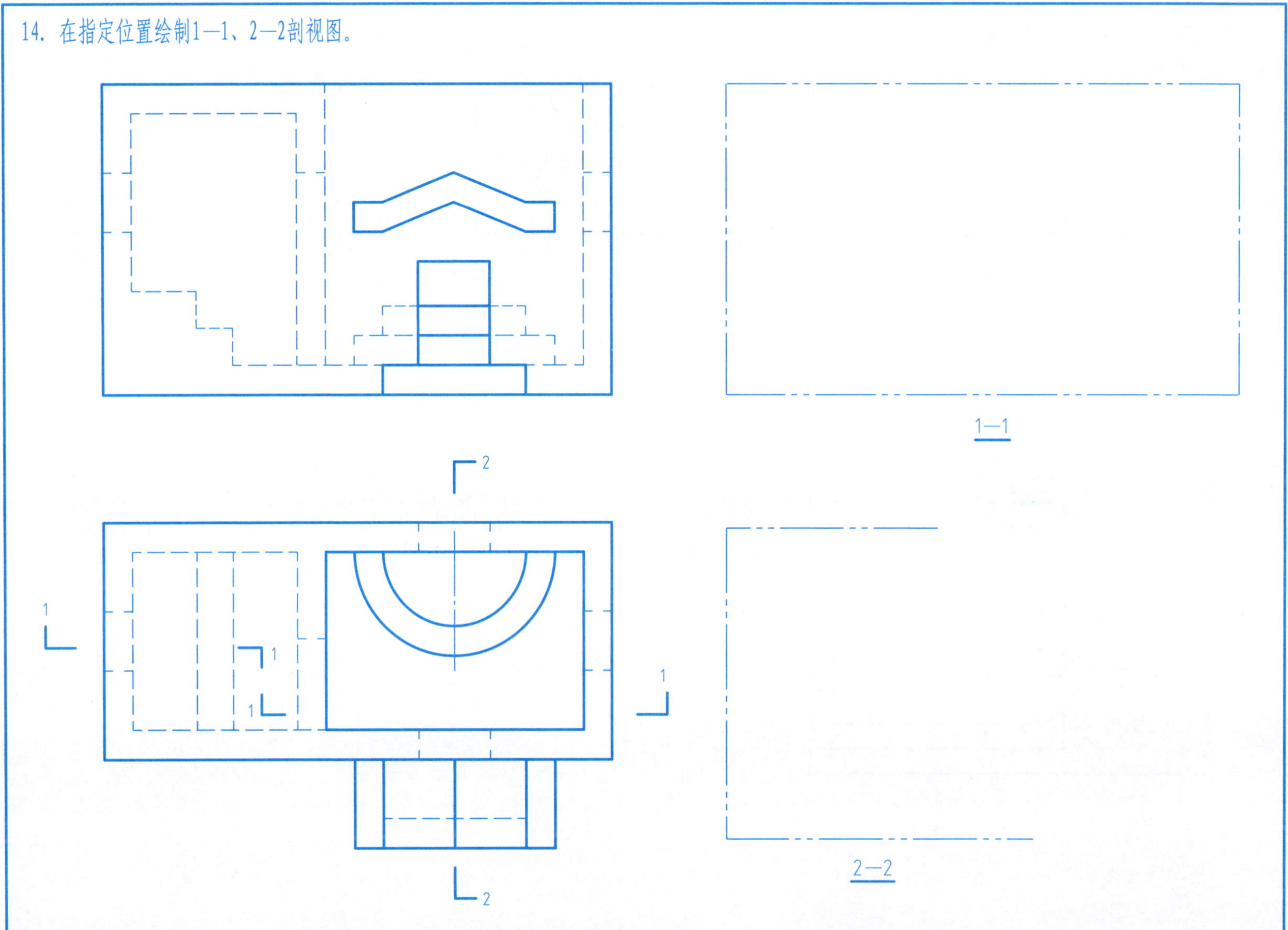

15. 在指定位置绘制1—1半剖视图和2—2全剖视图。

(1)

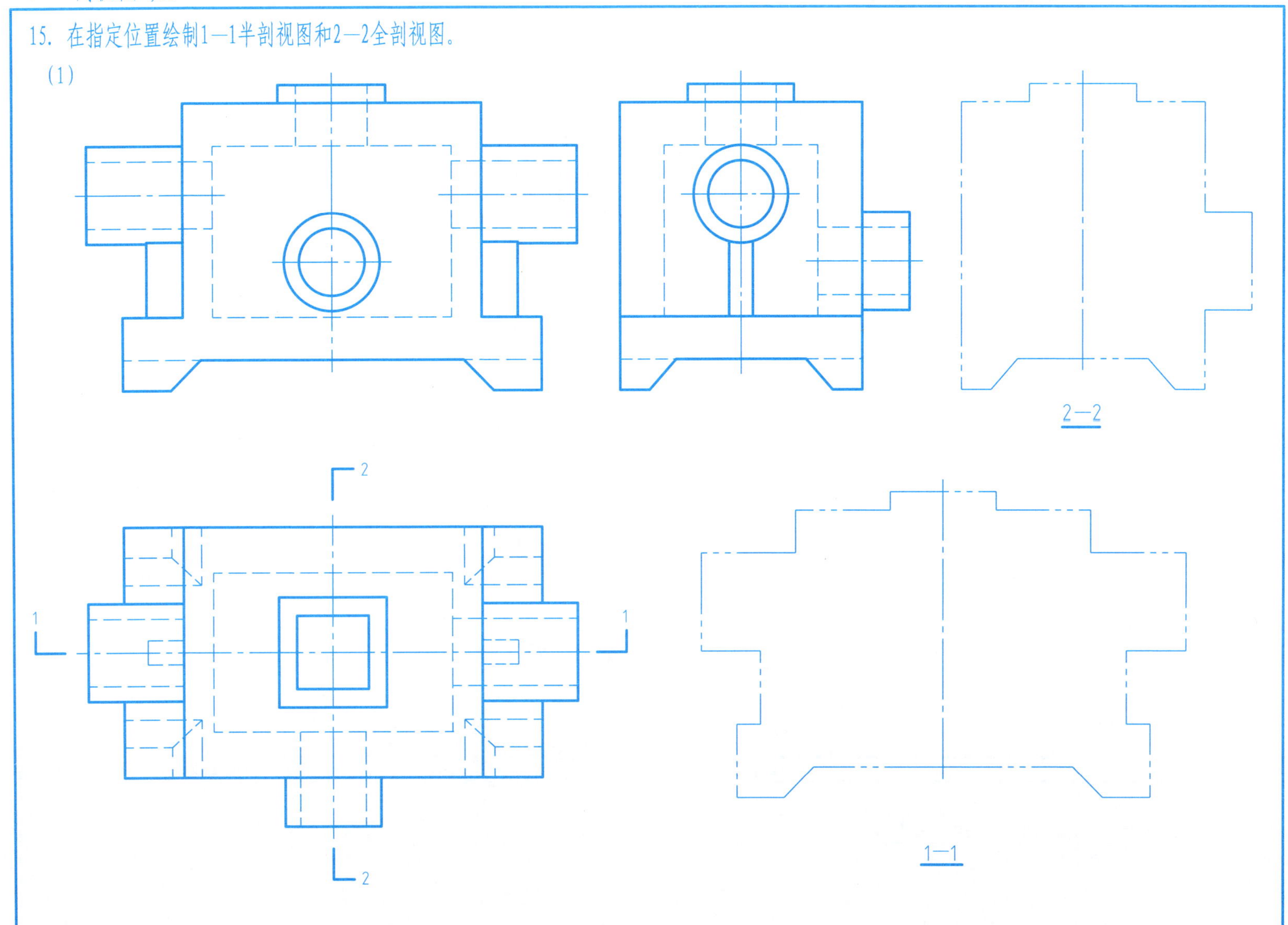

(2)

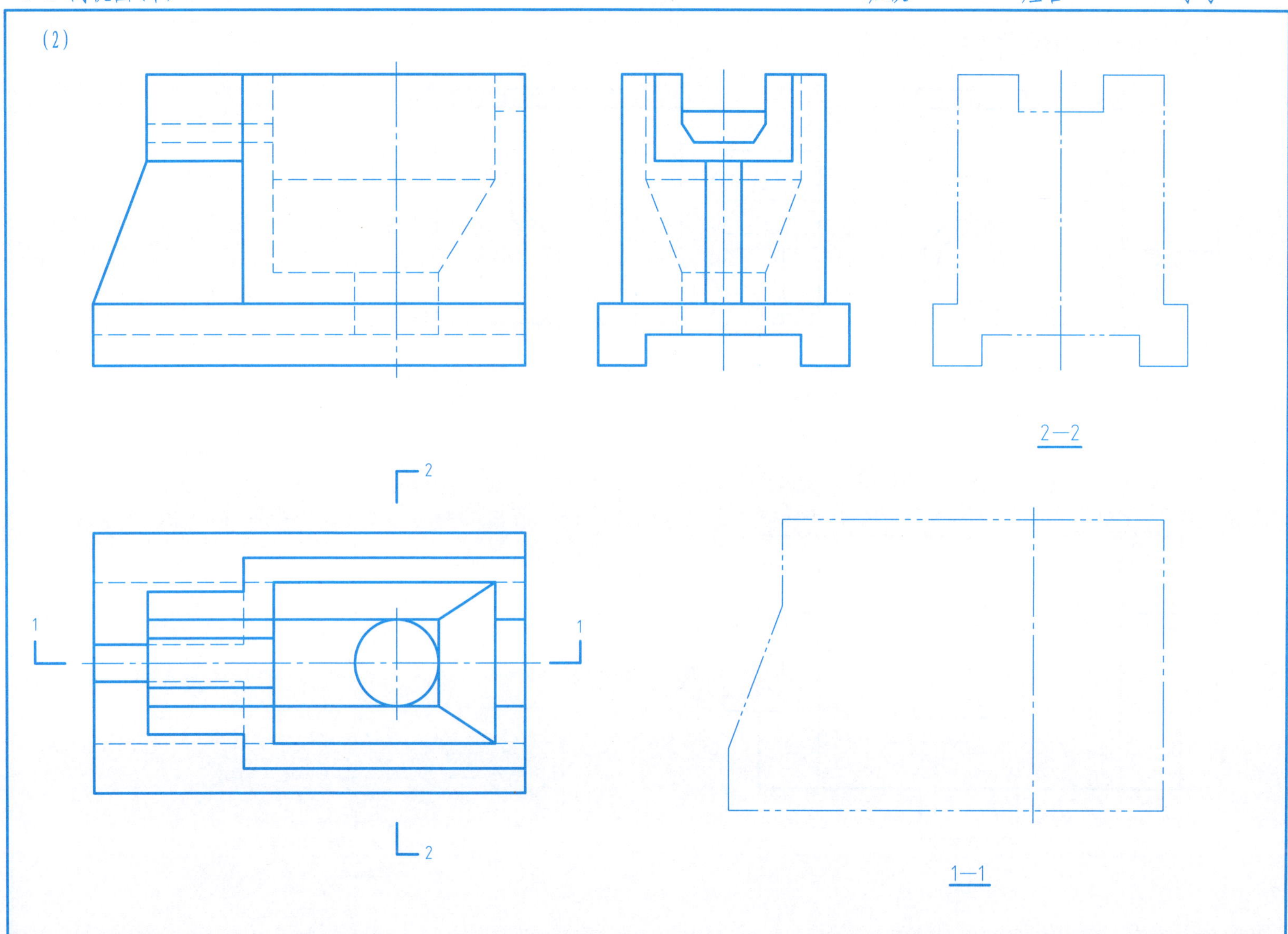

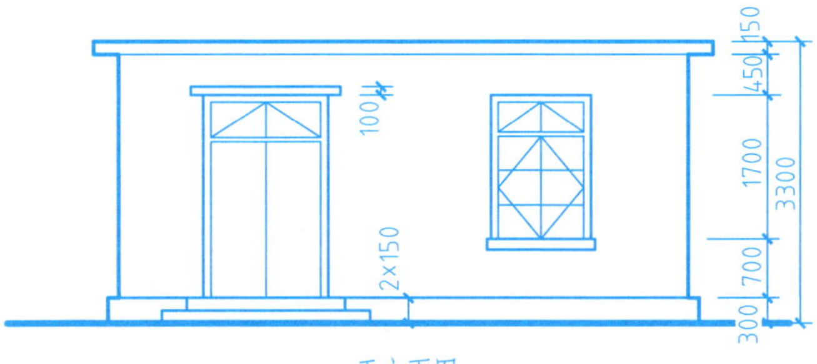

正立面图

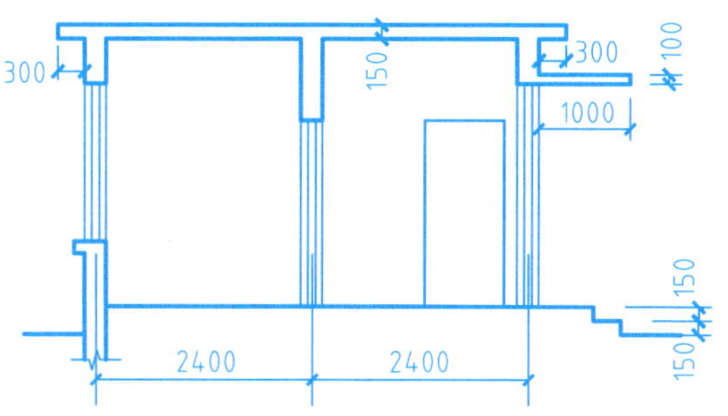

1—1剖面图

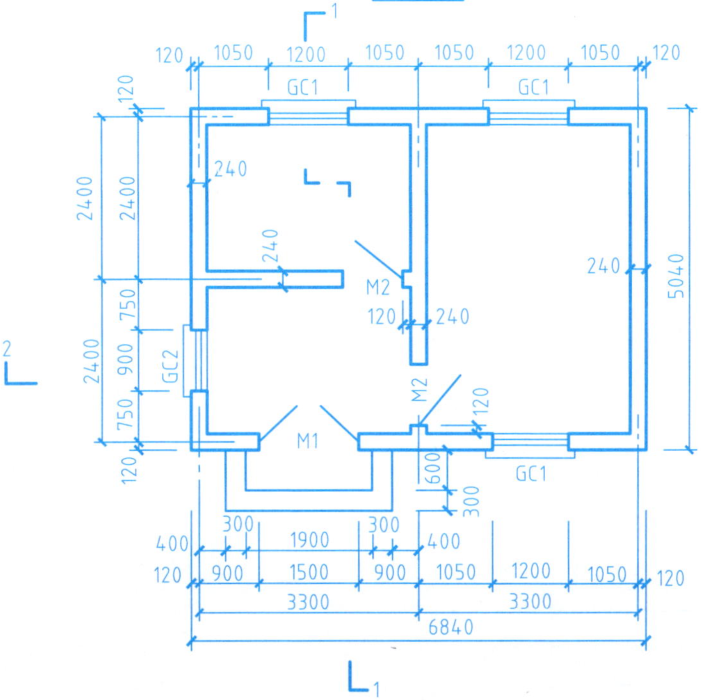

平面图

编号	洞口尺寸		数量	编号	洞口尺寸		数量
	宽	高			宽	高	
M1	1500	2400	1	GC1	1200	1700	3
M2	900	2000	2	GC2	900	1700	1

作业名称：房屋平、立、剖面图。

作业内容：抄绘平面图、立面图、1—1剖面图，补绘2—2剖面图，标注尺寸。

绘图比例：1:50。

图纸幅面：A3。

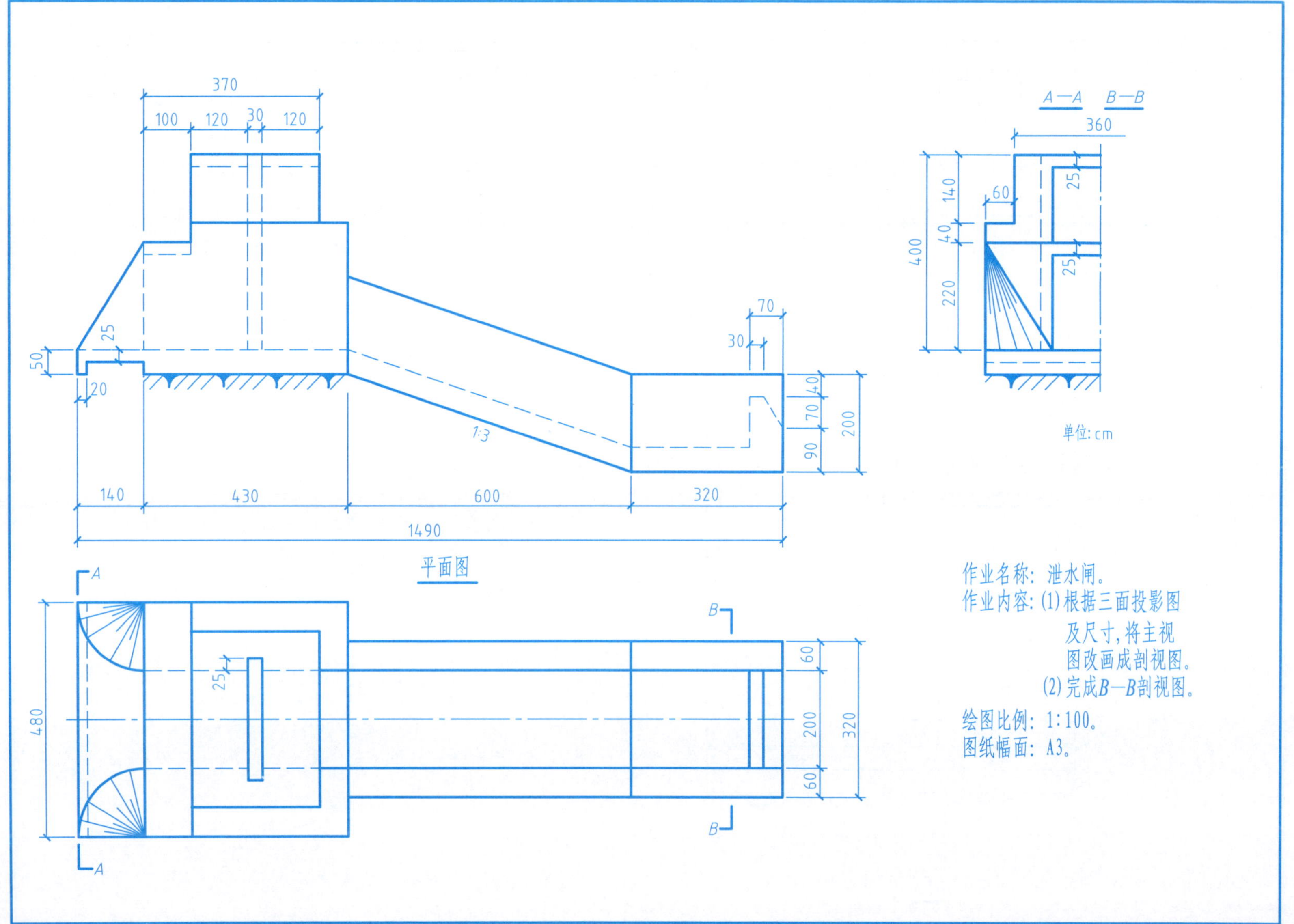
370
100
120
30
120
25
50
20
70
30
1:3
40
70
90
200
140
430
600
320
1490
A—A
B—B
360
140
60
40
400
220
25
25
单位:cm
平面图
A
A
B
B
25
480
60
200
60
320
作业名称：泄水闸。
作业内容：(1)根据三面投影图及尺寸，将主视图改画成剖视图。
(2)完成B—B剖视图。
绘图比例：1:100。
图纸幅面：A3。

1. 画出各种钢筋混凝土构件指定位置的移出断面图。

2. 作T形梁的2—2断面图。

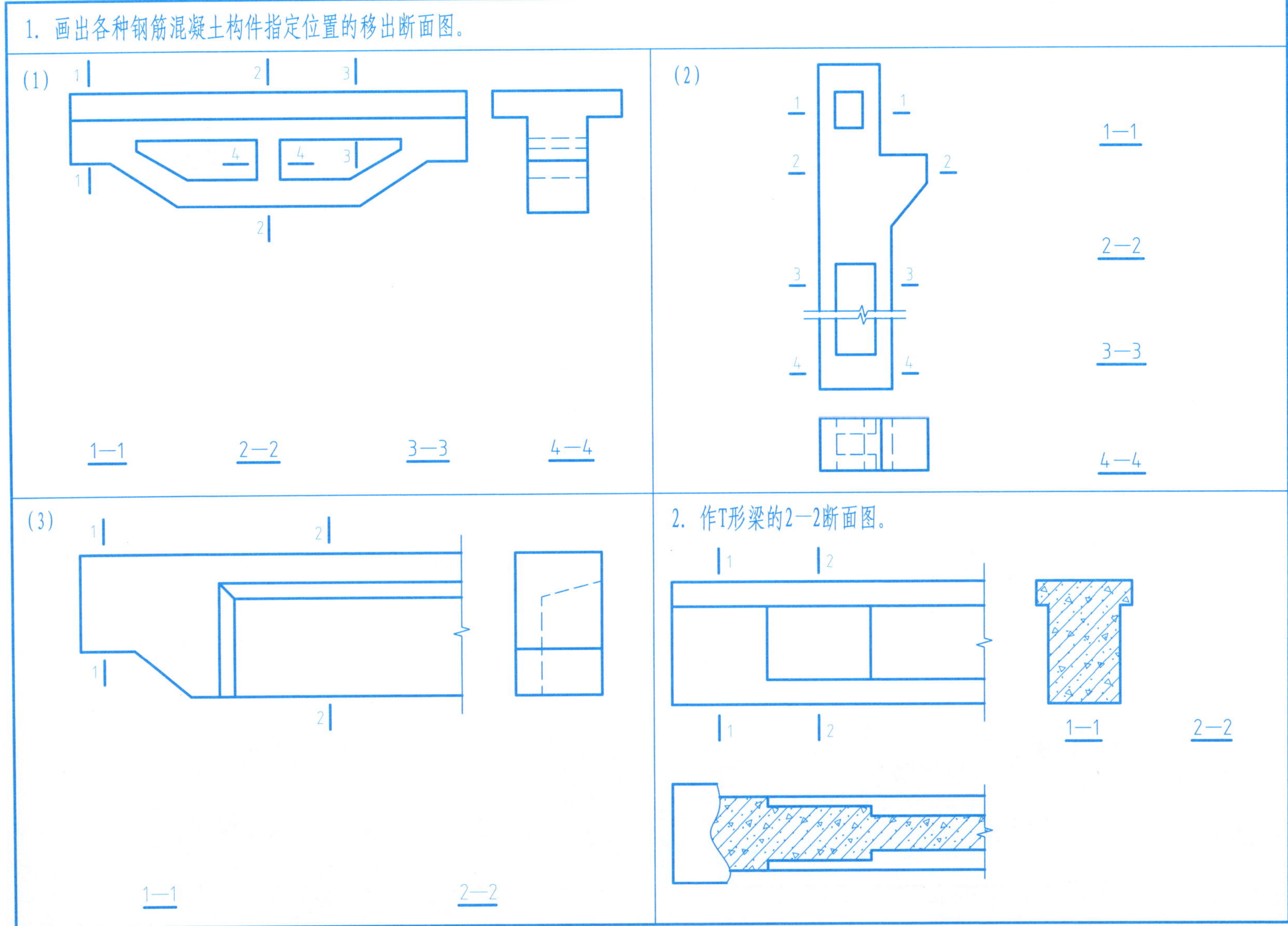

3. 计算组合面1—1、2—2、3—3断面直线段和圆弧半径的尺寸大小，填入表中，并画出3—3断面图。

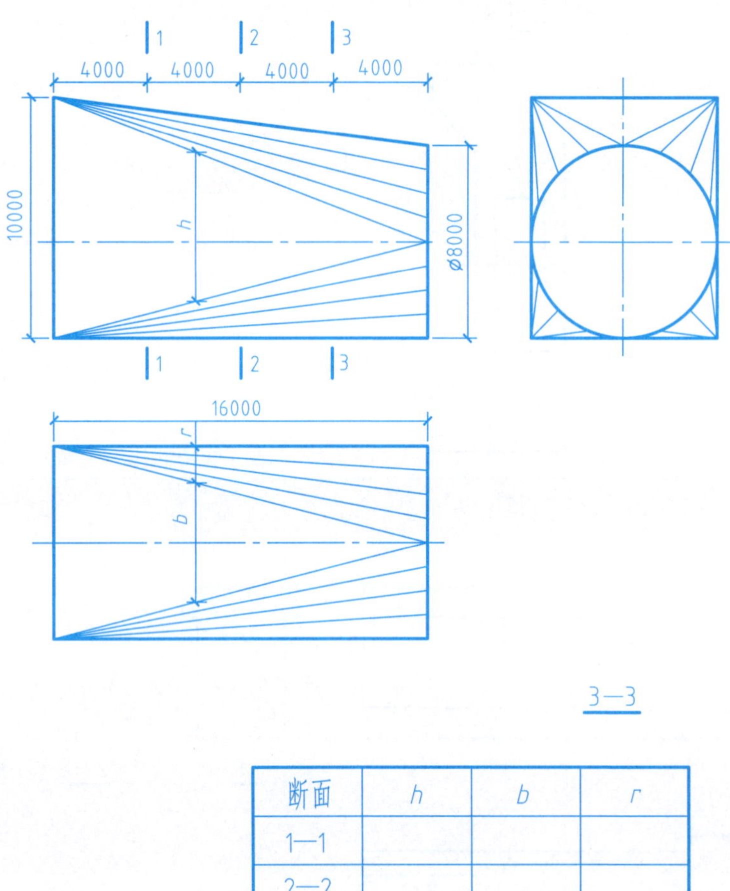

断面	h	b	r
1—1			
2—2			
3—3			

4. 画出渠道及扭面翼墙段的1—1断面图。

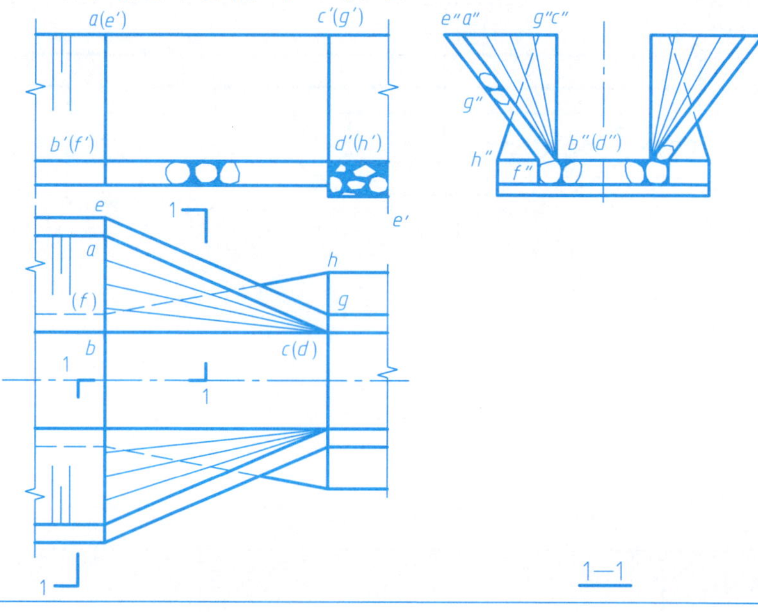

5. 画1—1、2—2重合断面图。

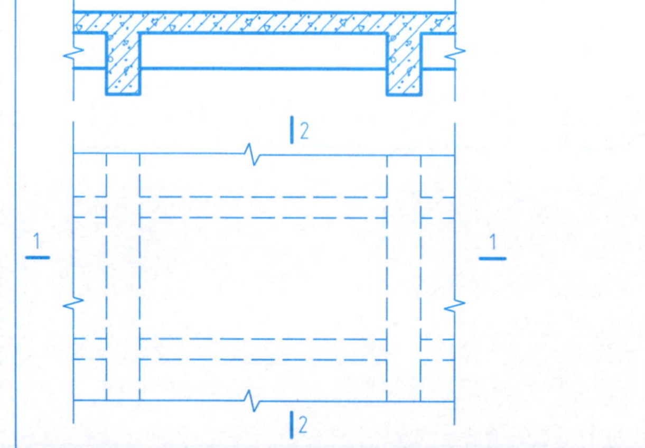

1. 求作点A、B在V、H面上落影和虚影。

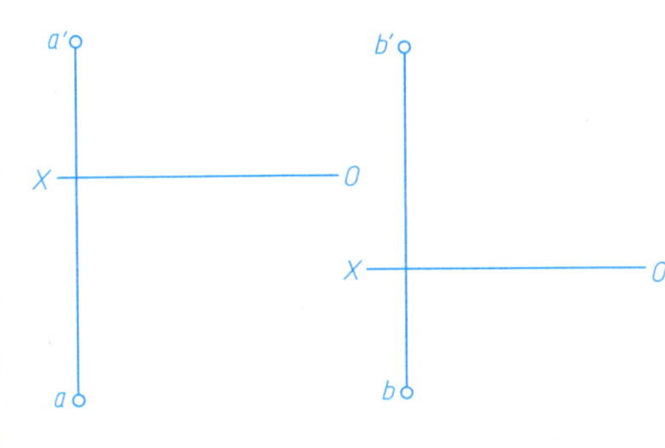

2. 求作点C在P平面上落影。

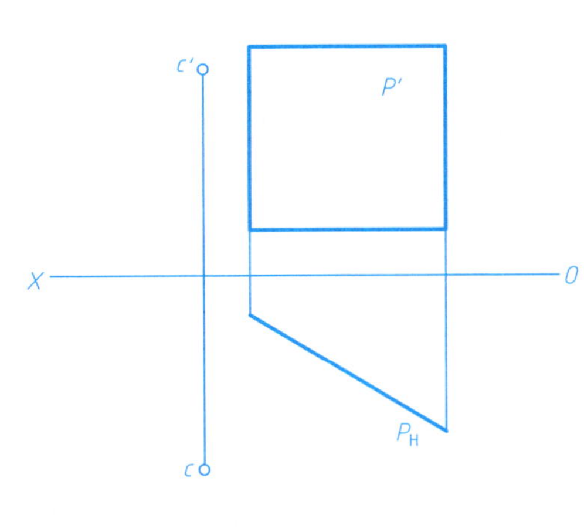

3. 求作点E在R平面上落影。

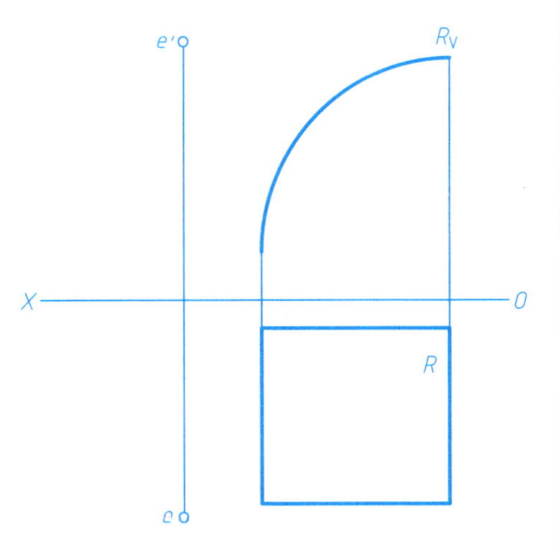

4. 求作直线AB在V、H面上落影。

(1)

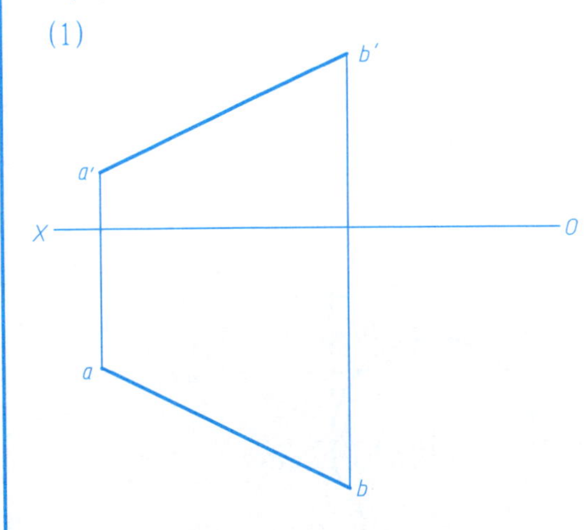

(2)

b′
a′
X
0
b
a

(3)

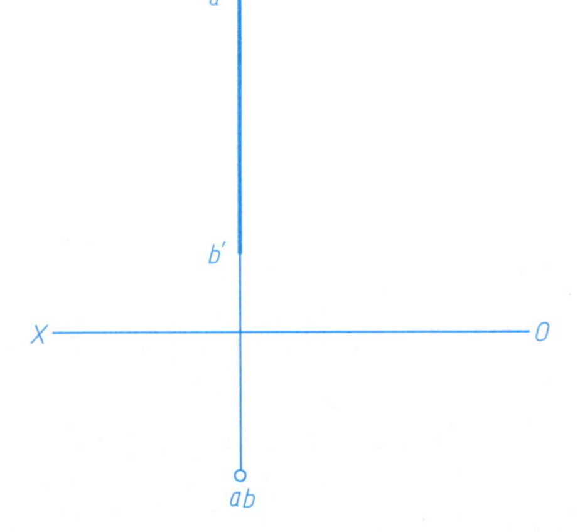

5. 求作直线AB在V、H面上落影。

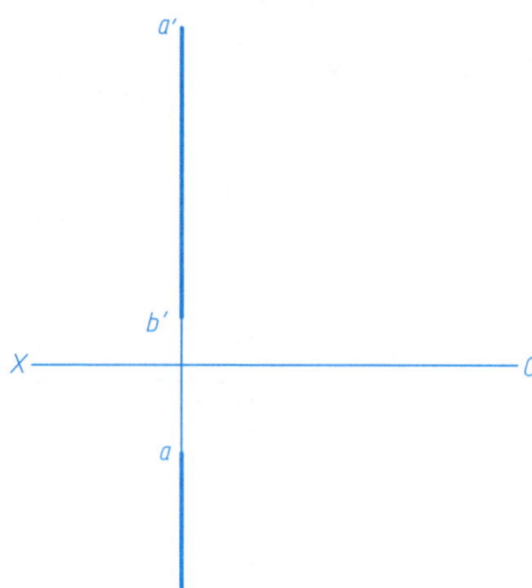

6. 求作直线CD在相交平面上落影。

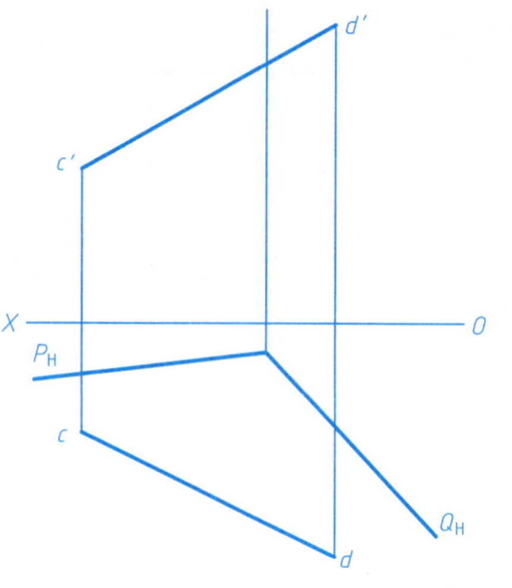

7. 求作直线EF在组合承影面上落影。

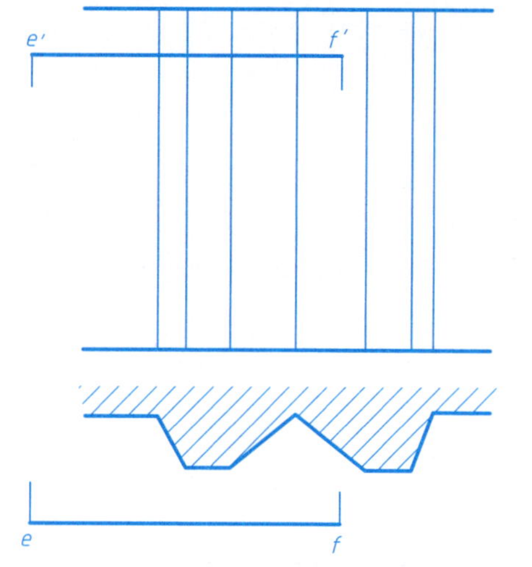

8. 求各平面图形的落影。

(1)

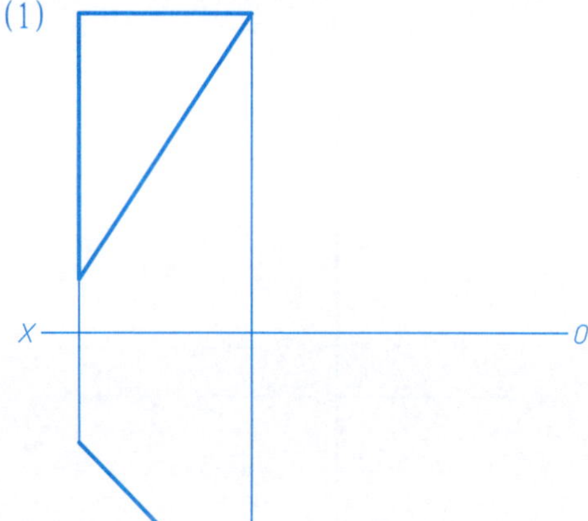

(2)

(3)

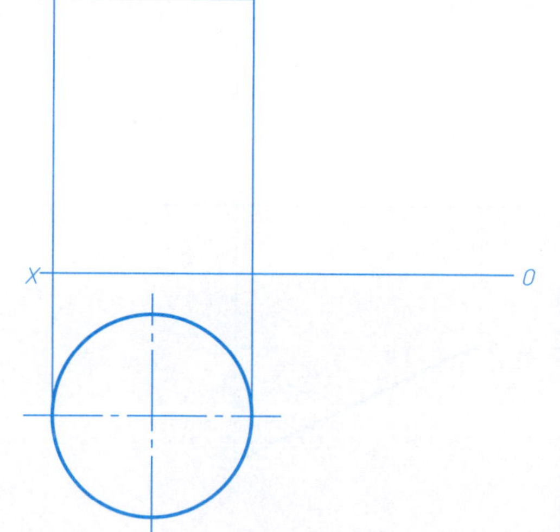

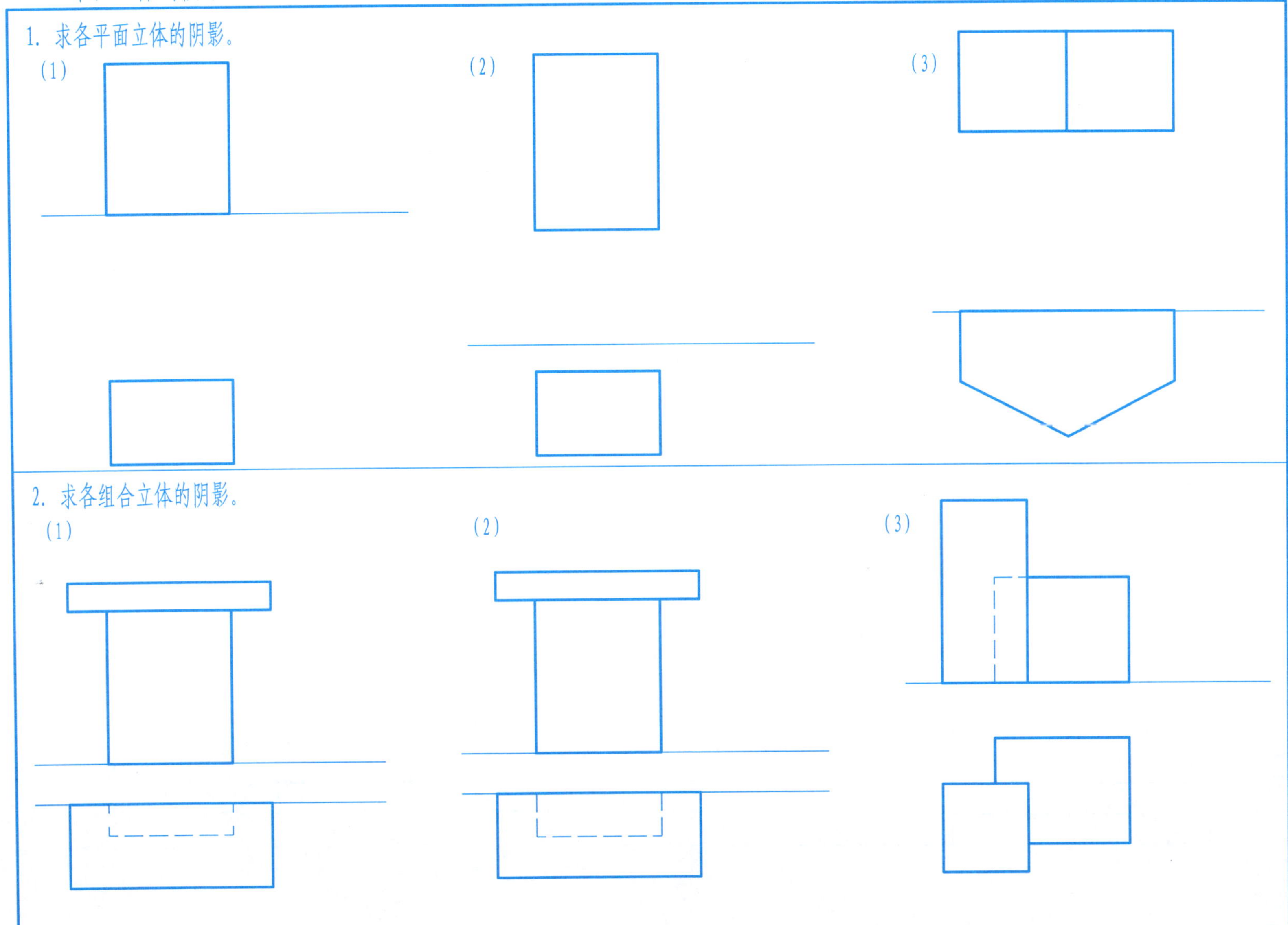
1. 求各平面立体的阴影。
(1)
(2)
(3)
2. 求各组合立体的阴影。
(1)
(2)
(3)

7-3 建筑细部的阴影(一)

班级　　　　姓名　　　　学号

1. 求窗洞的阴影。

(1)

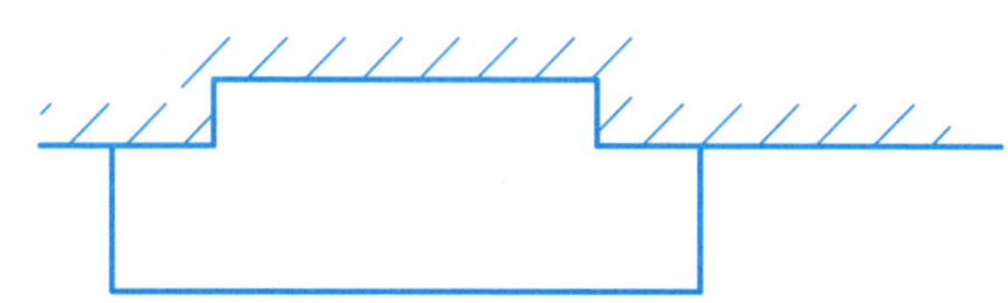

(2)

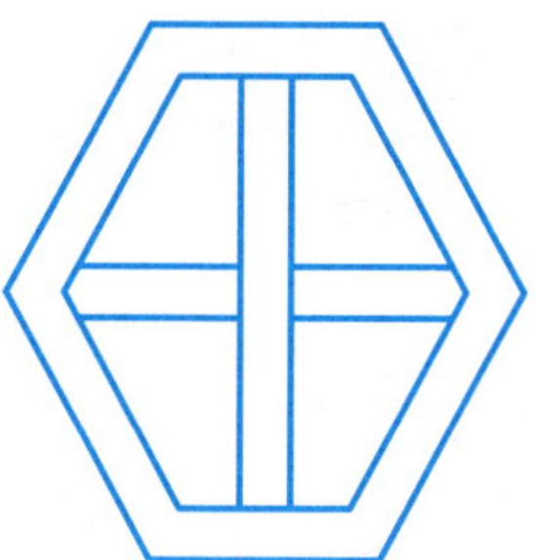

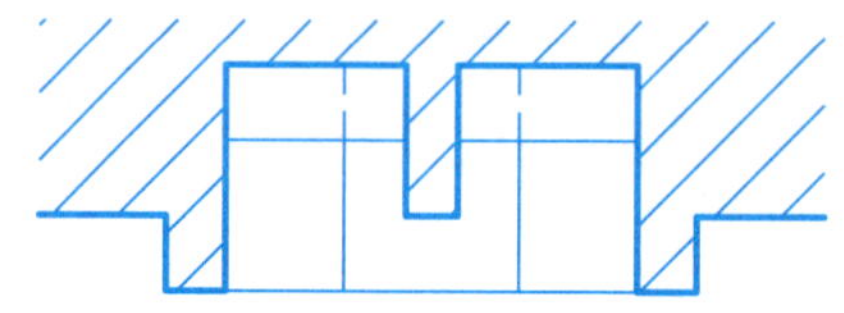

2. 求门洞、雨篷的阴影。

(1)

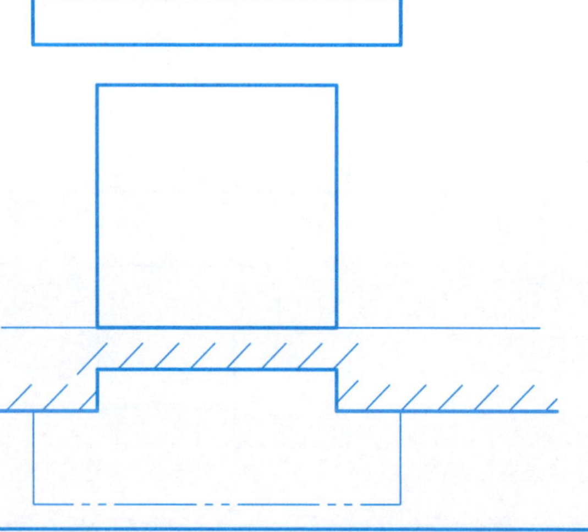

(2)

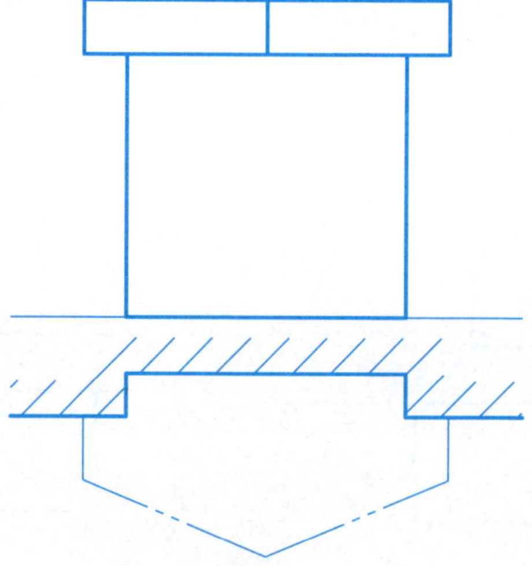

(3)

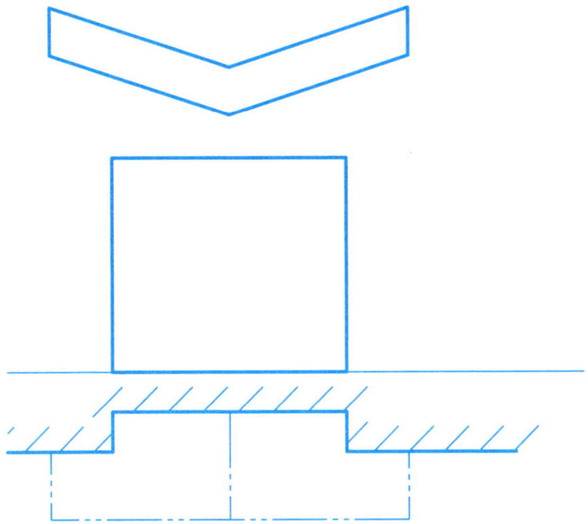

(4)

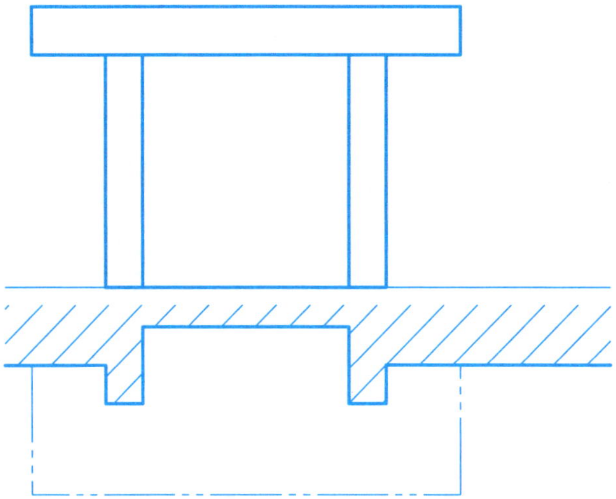

3. 求台阶的阴影。

(1)

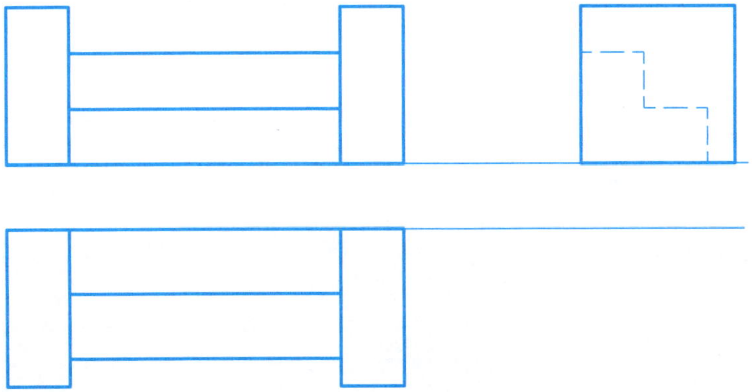

(2)

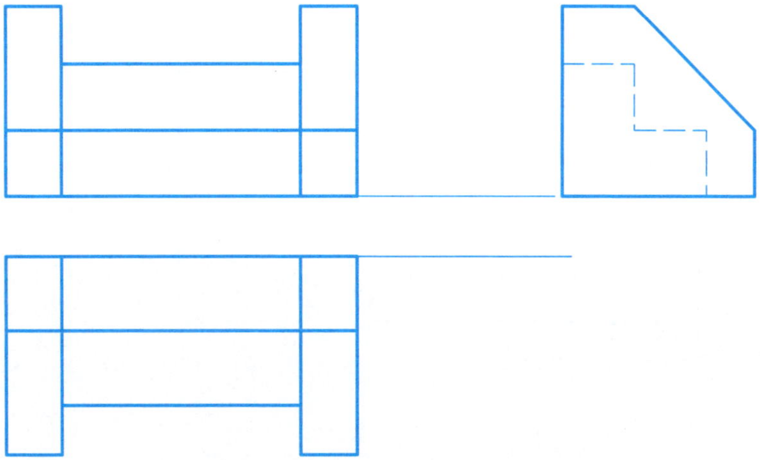

4. 求屋檐的阴影。

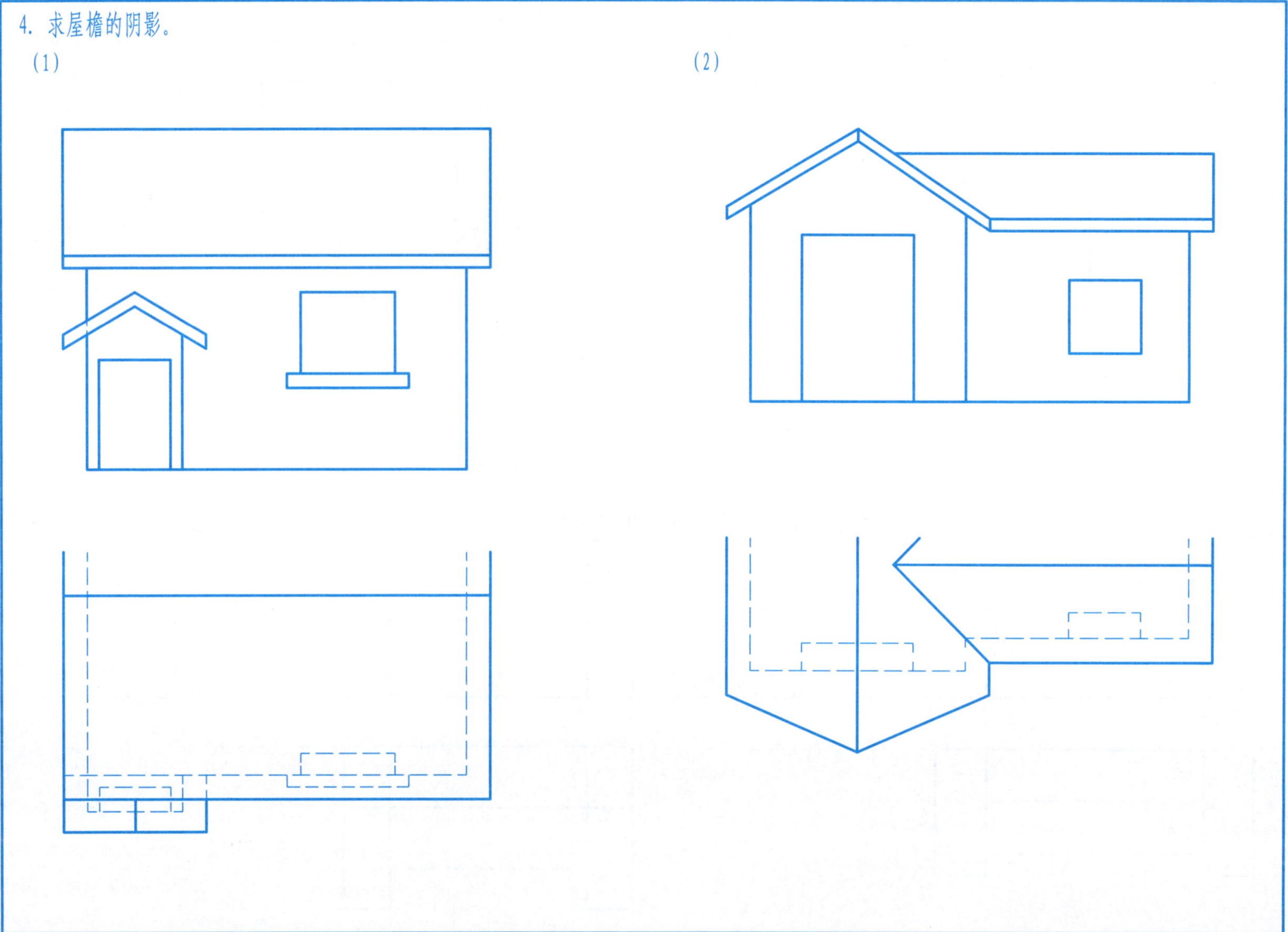

7-3 建筑细部的阴影(四)

班级　　　　姓名　　　　学号

工程实例——完成建筑立面的阴影。

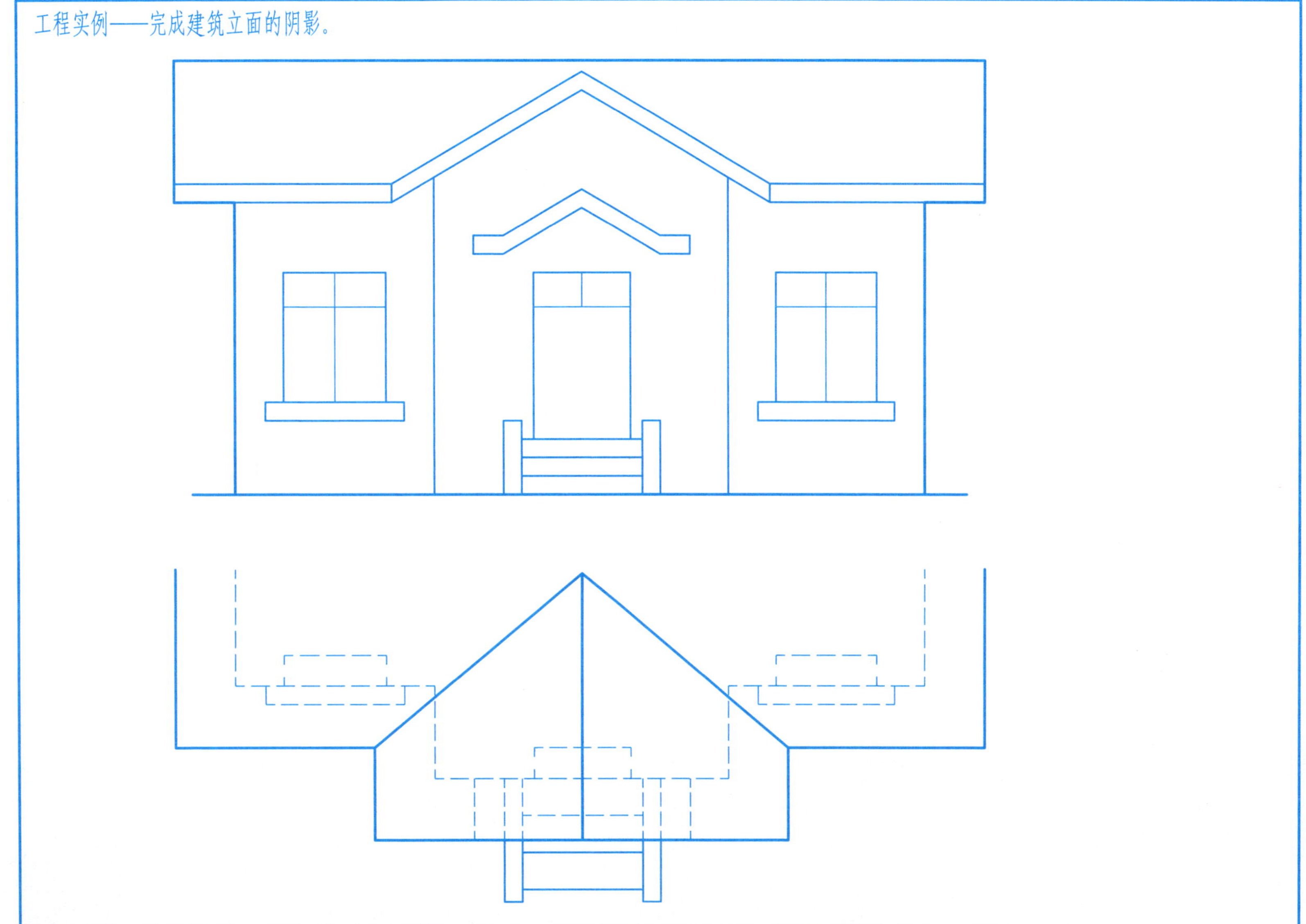

7-4 曲面立体的阴影(一)

班级 姓名 学号

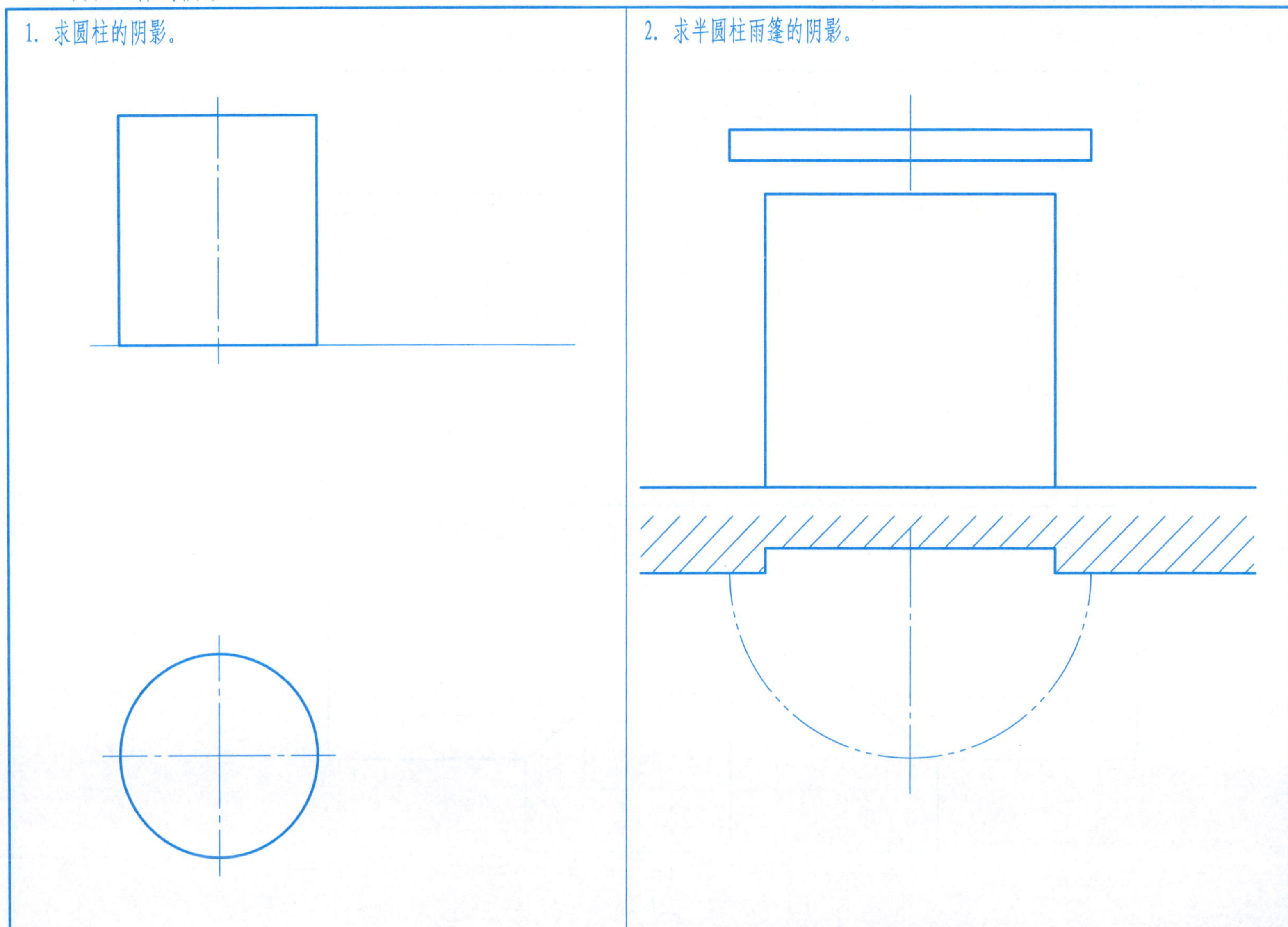

1. 求圆柱的阴影。

2. 求半圆柱雨篷的阴影。

3. 求方柱帽半圆柱上的阴影。

4. 求半圆柱帽半圆柱上的阴影。

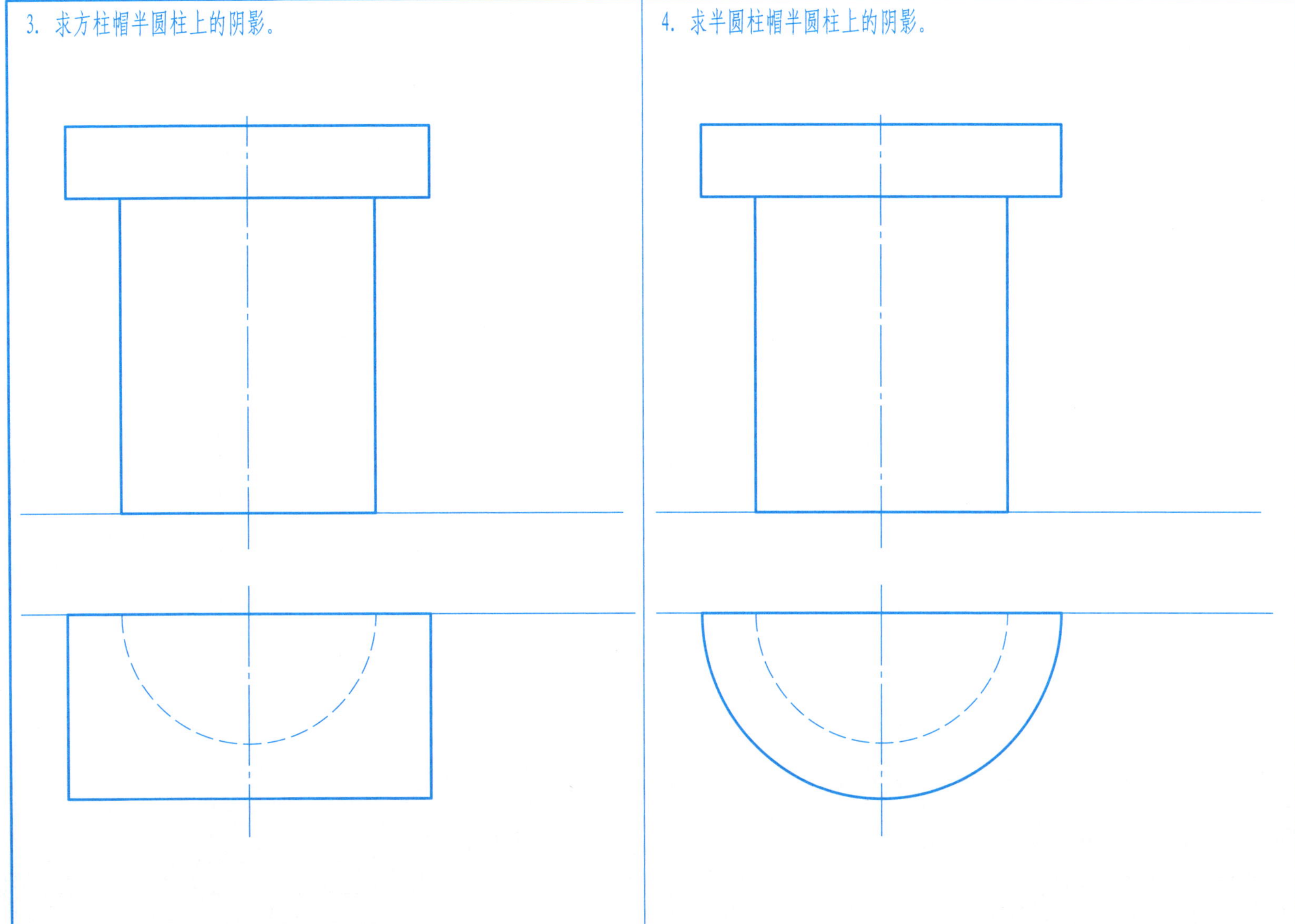

1. 完成下列基面上直线、平面图形的两点透视。

2. 完成下列立体的两点透视。

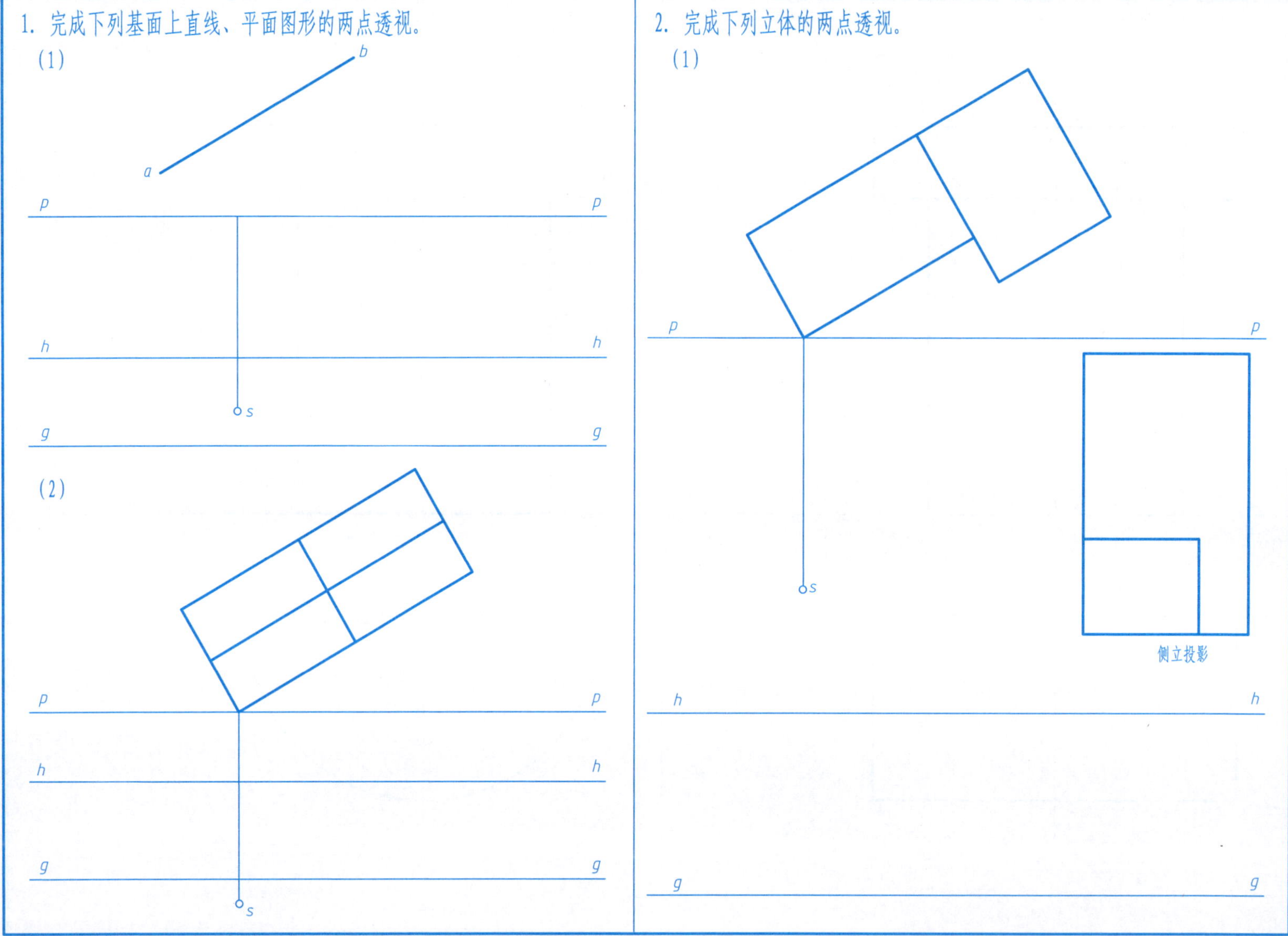

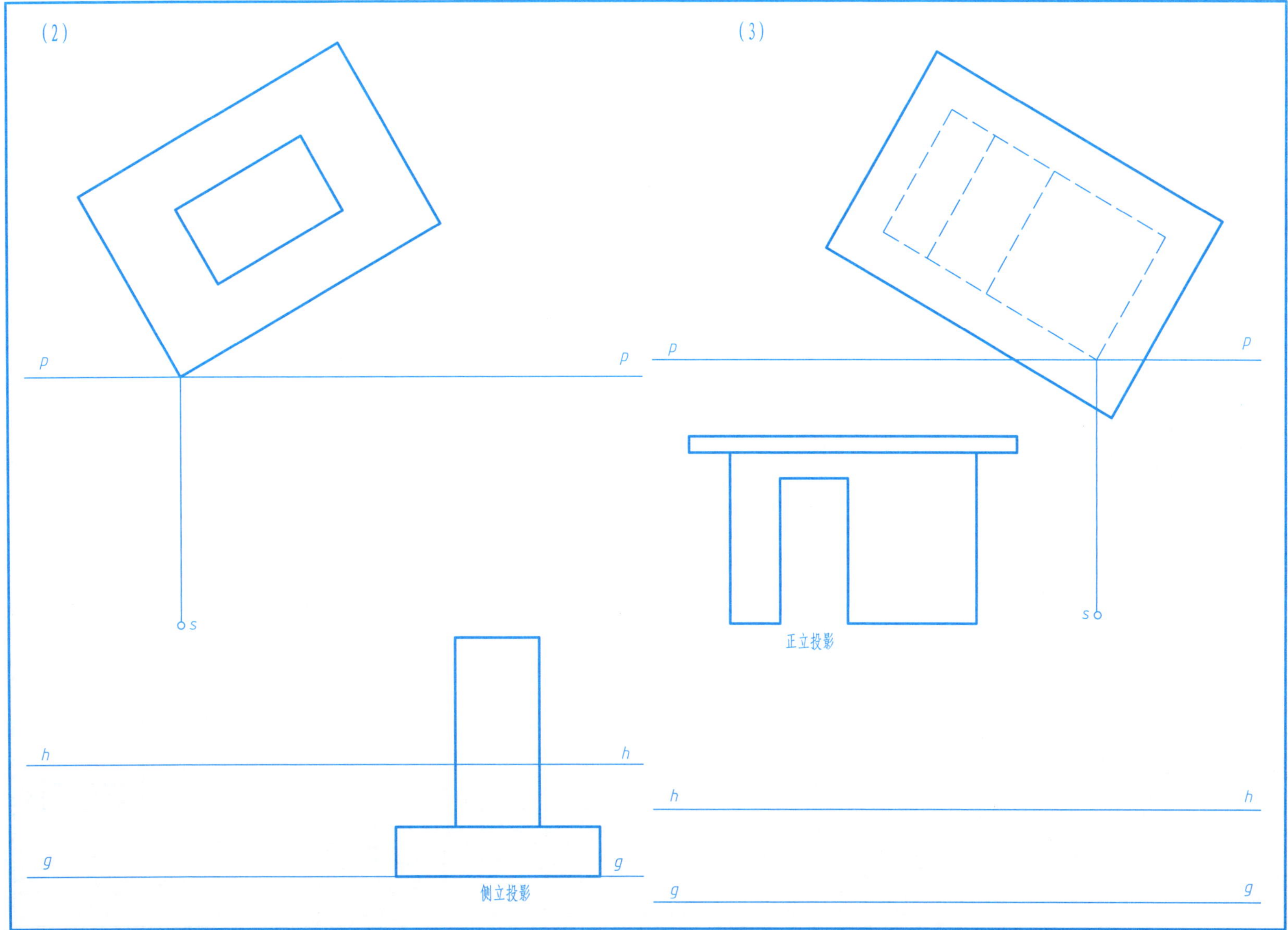
(2)
p
p
s
h
h
g
g
侧立投影
(3)
p
p
s
正立投影
h
h
g
g

1. 完成坡屋面小房的两点透视。

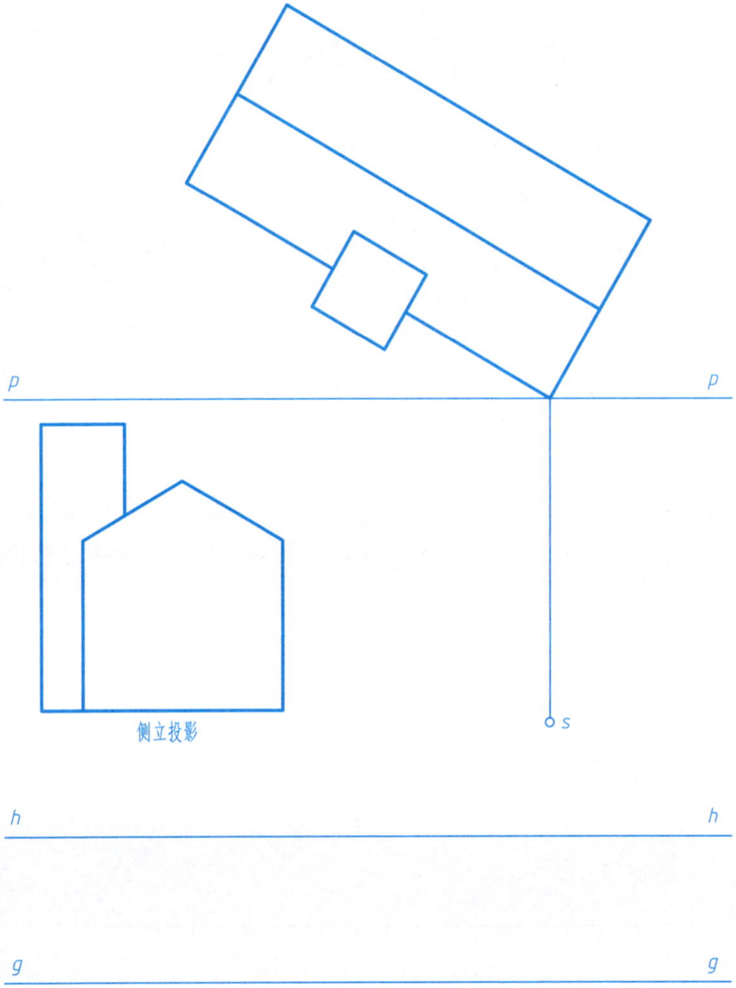

p　p

侧立投影

s

h　h

g　g

2. 完成门洞、雨篷的两点透视。

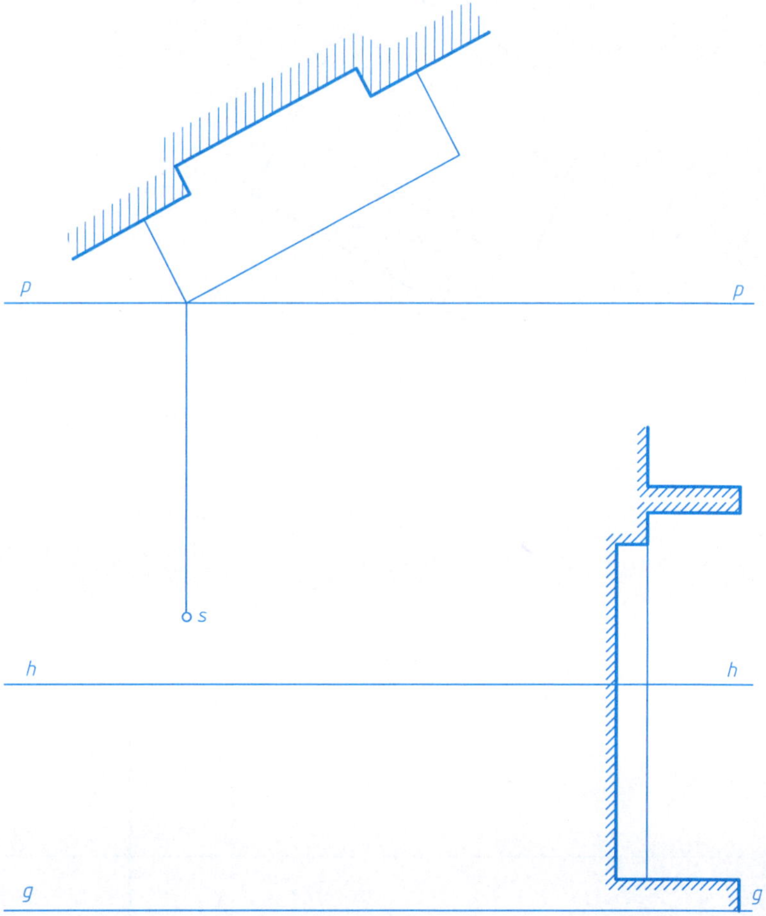

p　p

s

h　h

g　g

3. 完成建筑形体台阶的一点透视。

4. 完成建筑形体平屋面小房的一点透视。

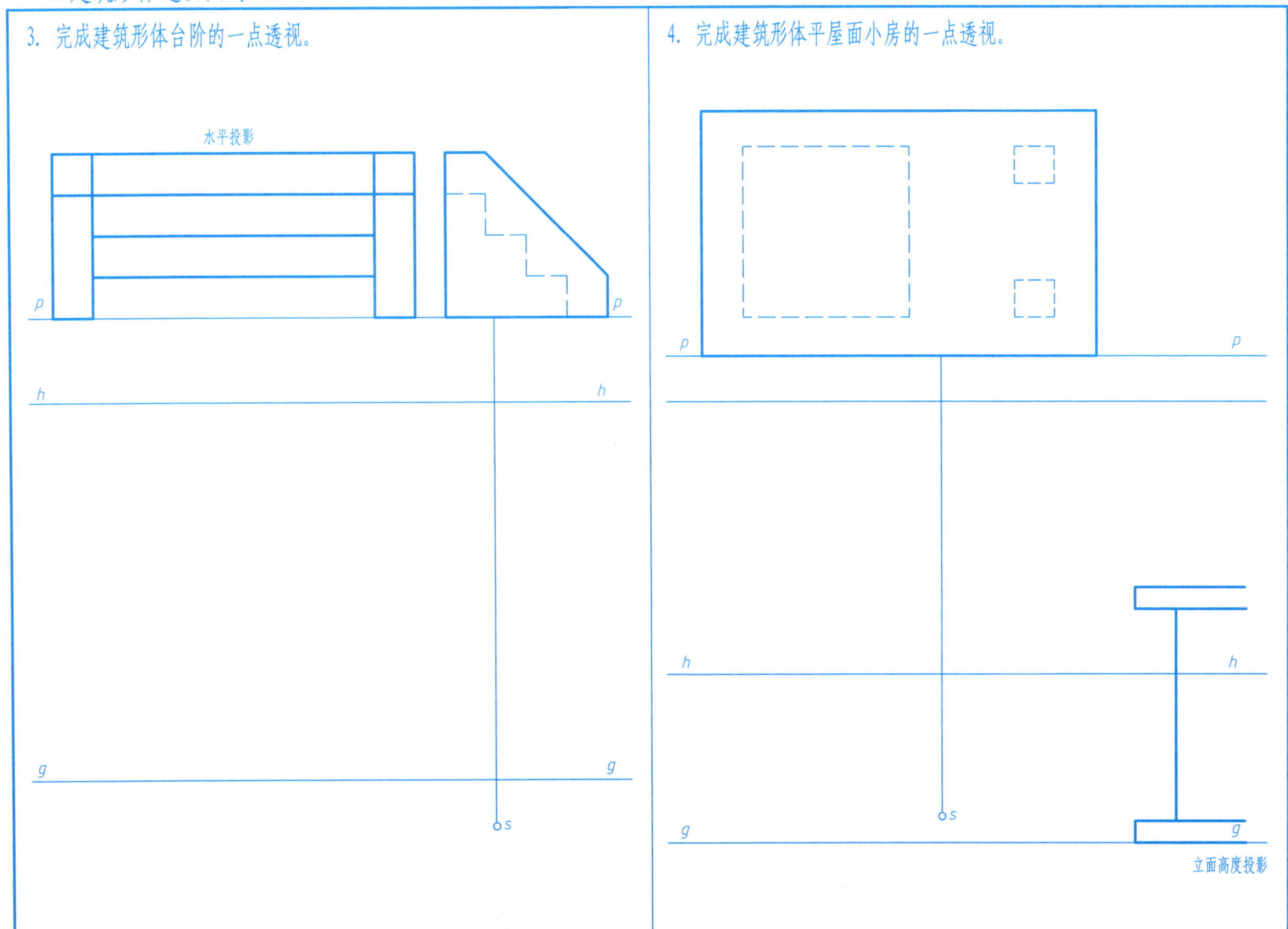

5. 完成室内的一点透视。

6. 完成街景的一点透视。

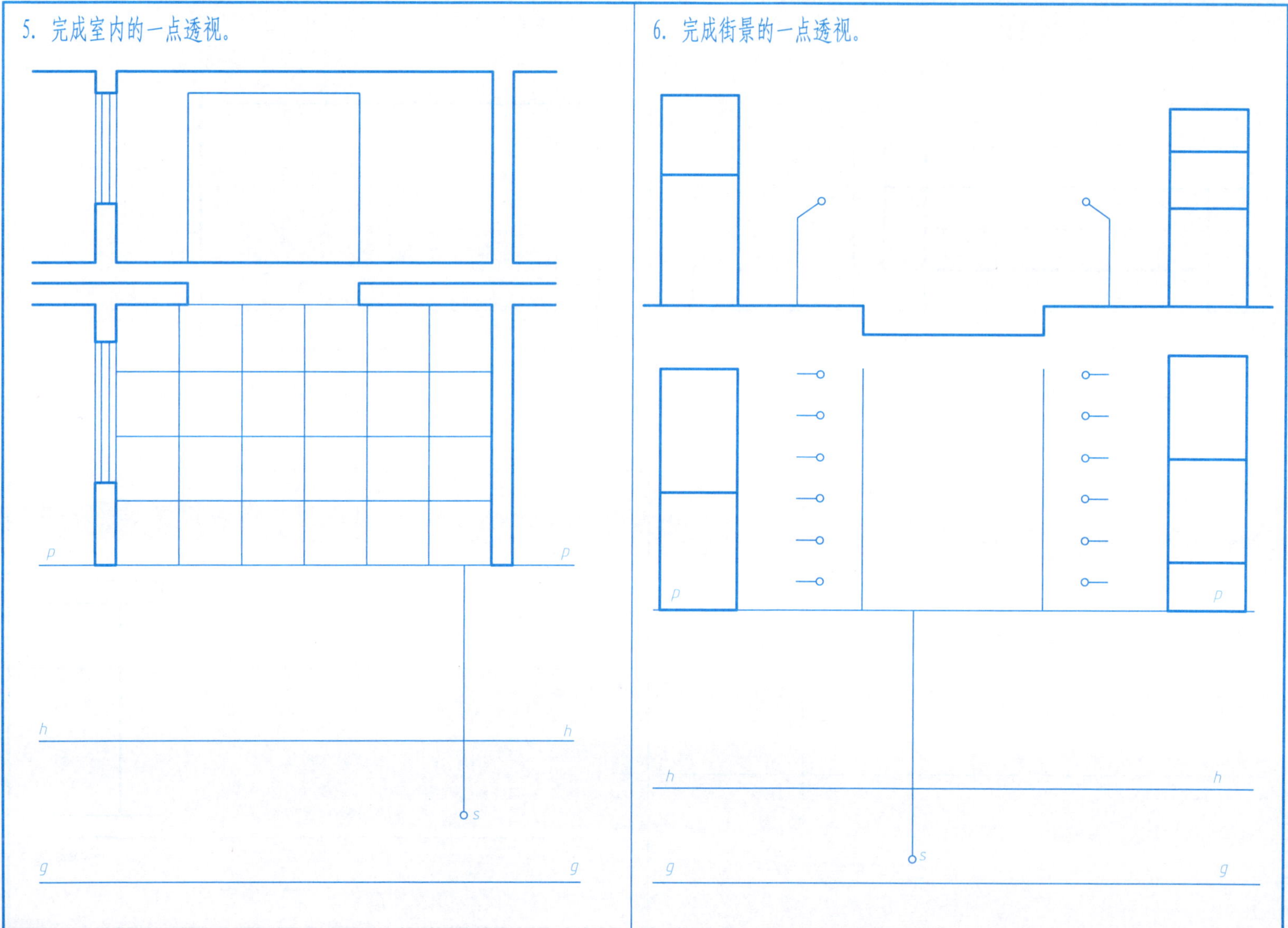

班级　　　　姓名　　　　学号

工程实例——完成别墅的透视。

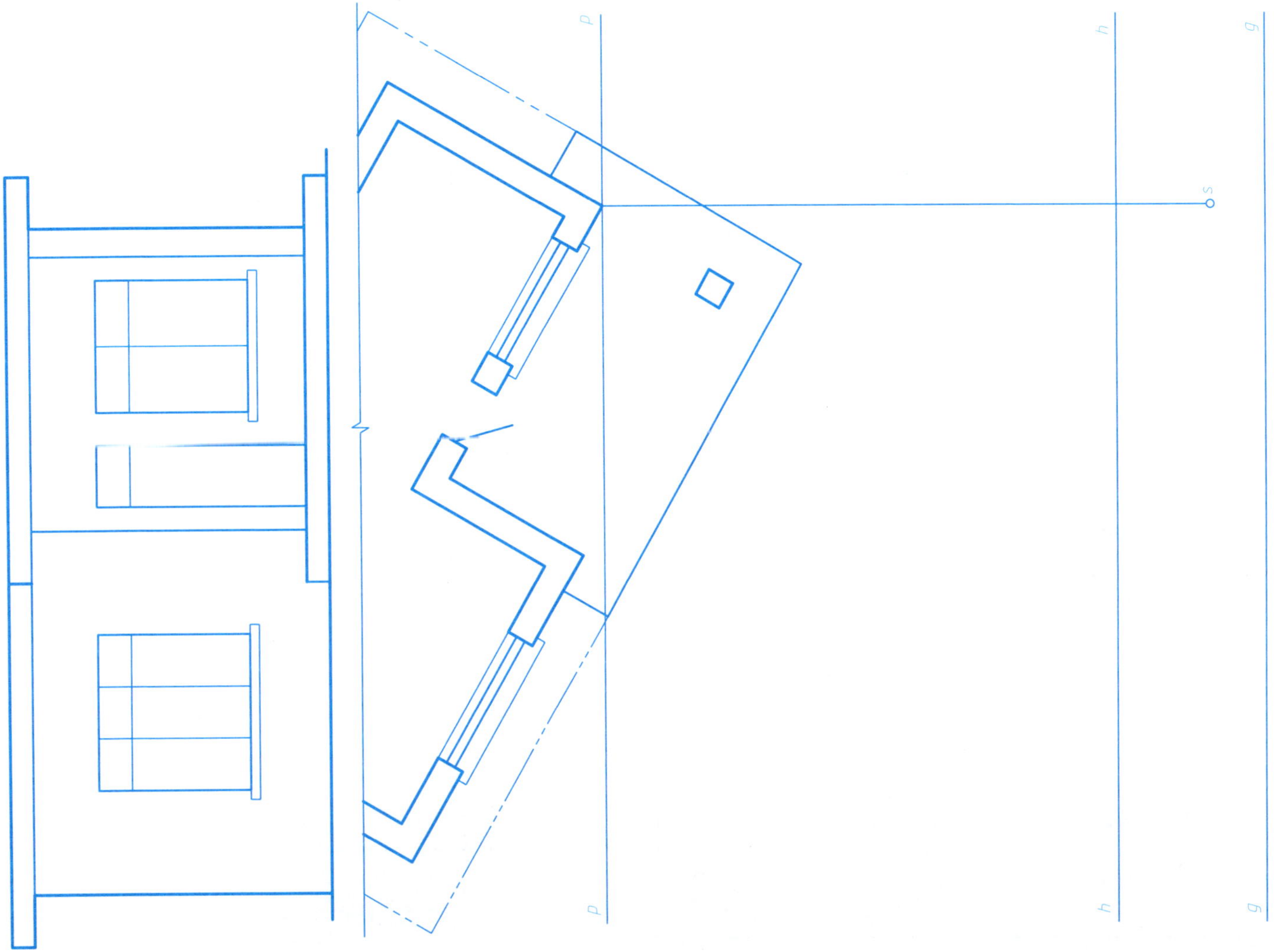

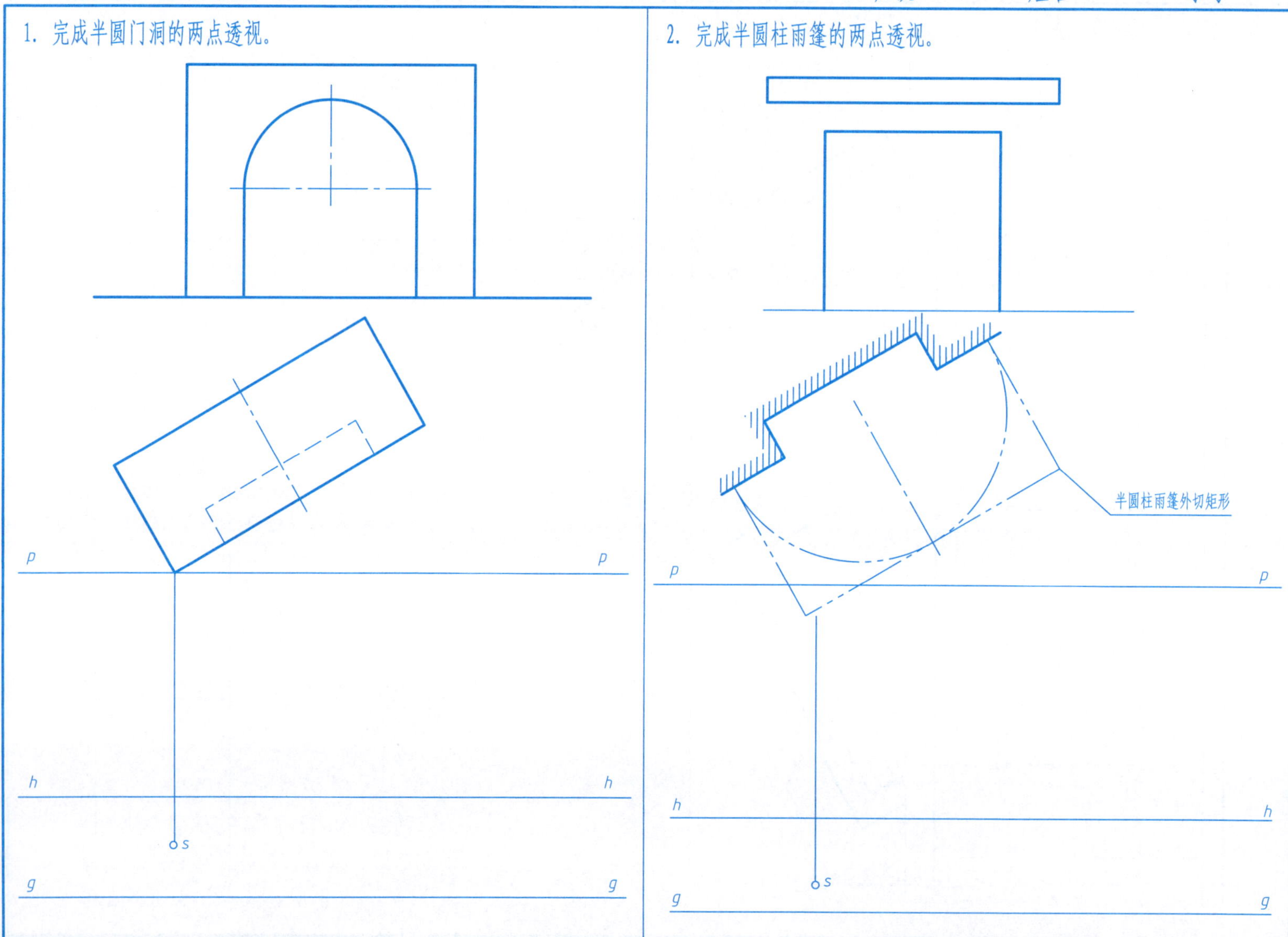
1. 完成半圆门洞的两点透视。
2. 完成半圆柱雨篷的两点透视。
半圆柱雨篷外切矩形
p p
h h
s
g g
p p
h h
s
g g

3. 完成月亮门的一点透视。

4. 完成拱门的一点透视。

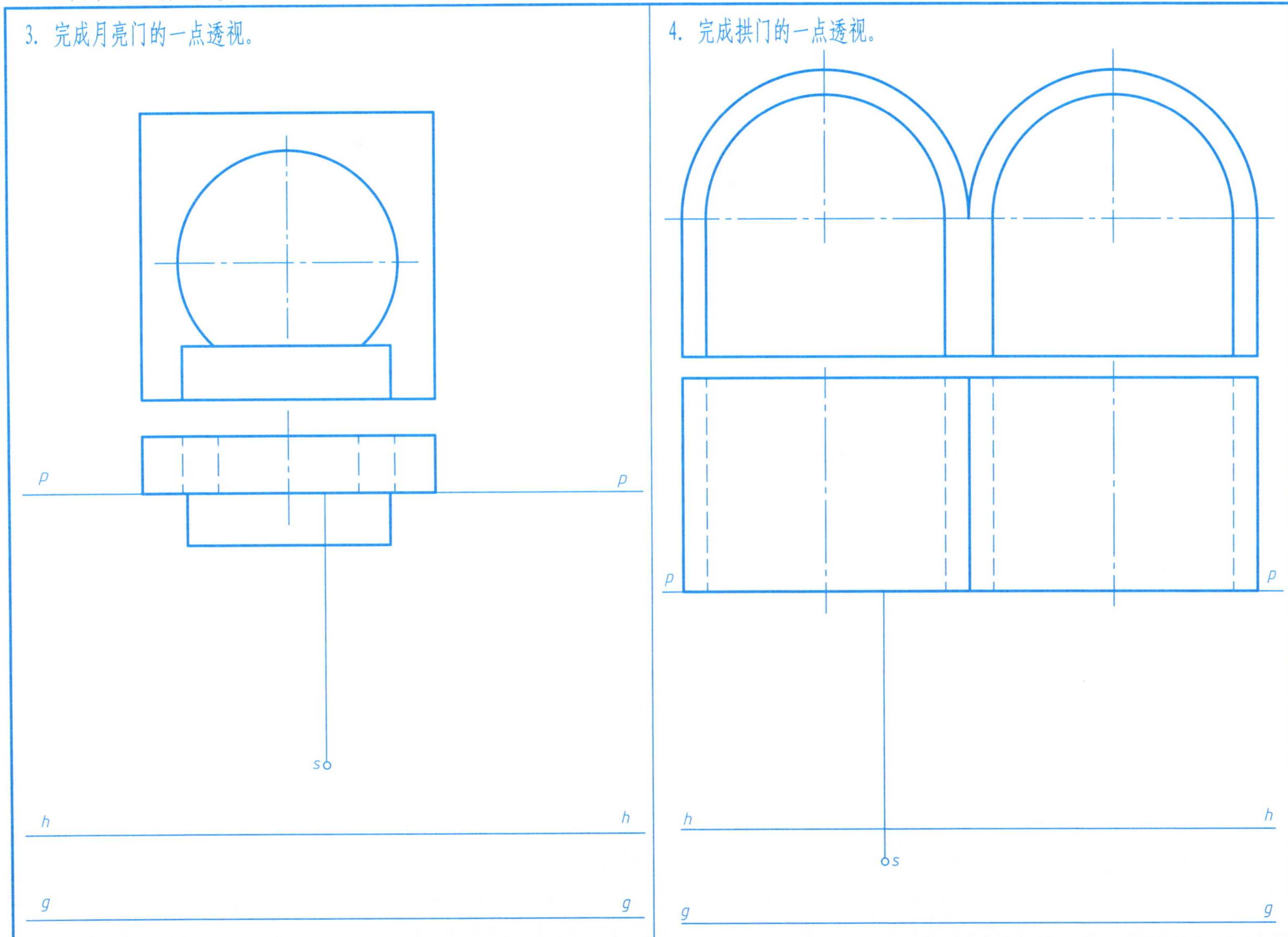

8-1 点、直线和平面的标高投影(一)

班级　　姓名　　学号

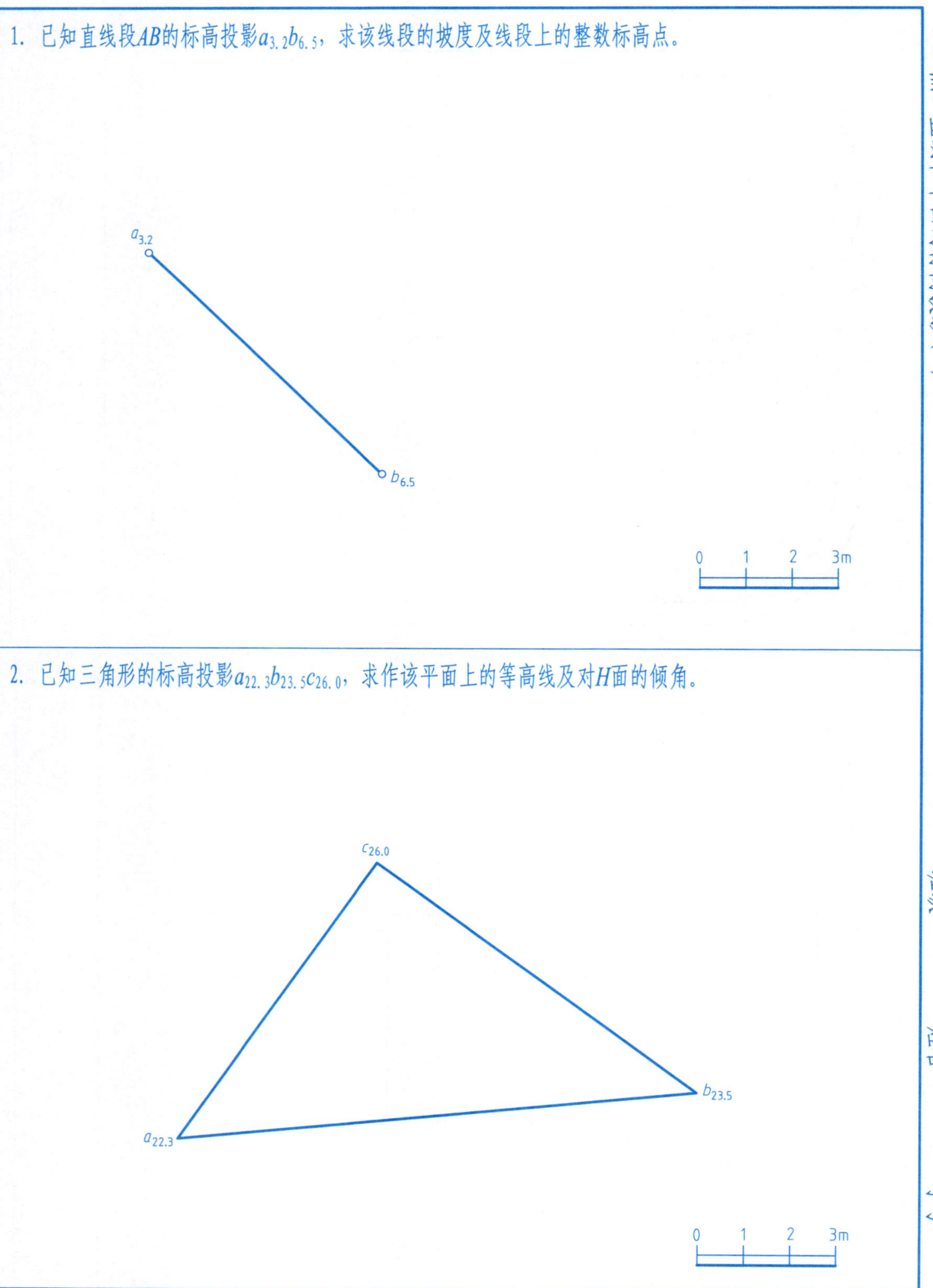

1. 已知直线段AB的标高投影$a_{3.2}b_{6.5}$，求该线段的坡度及线段上的整数标高点。

2. 已知三角形的标高投影$a_{22.3}b_{23.5}c_{26.0}$，求作该平面上的等高线及对H面的倾角。

3. 已知平面P由坡度1:1和直线（过a_4点，坡度为1:2）确定，Q平面由坡度1:1.5和等高线3确定，试求P、Q两平面的交线。

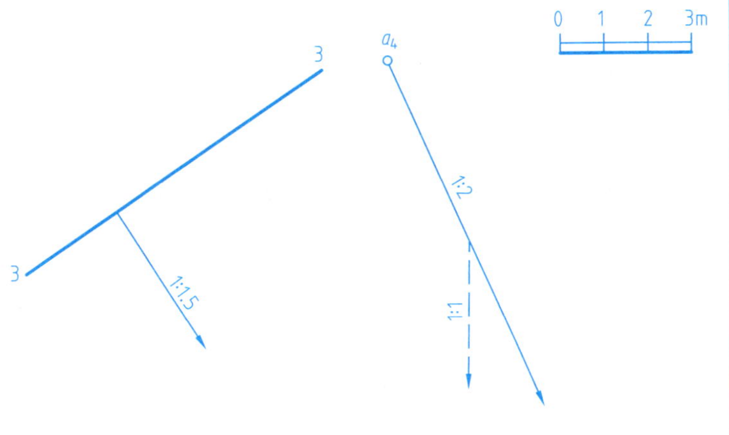

4. 已知条件如图，求基坑各边坡面交线、坡面与地面的交线，比例1:200。

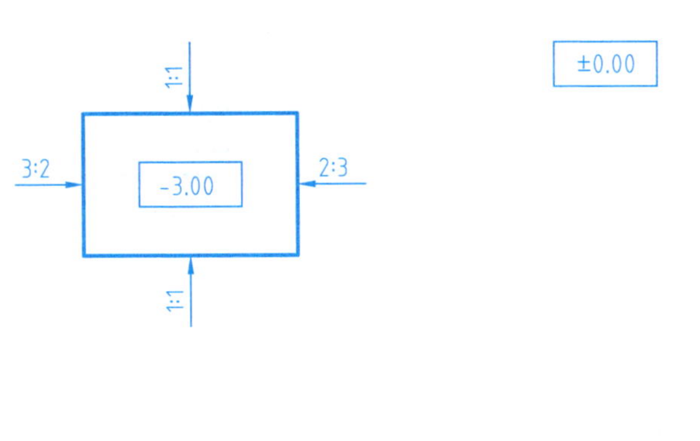

5. 已知两堤顶的标高及各边坡的坡度，求各边坡面与地面(标高为±0)的交线、各边坡面之间的交线。

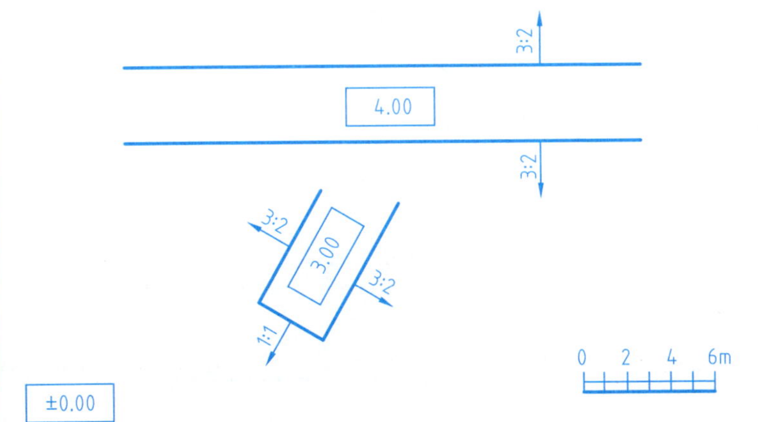

6. 拟用一倾斜的直路面$ABCD$连接标高为0的地平面和标高为4的平台，斜路面两侧的边坡坡度为1:1，平台的边坡坡度为2:3。试作标高投影图。

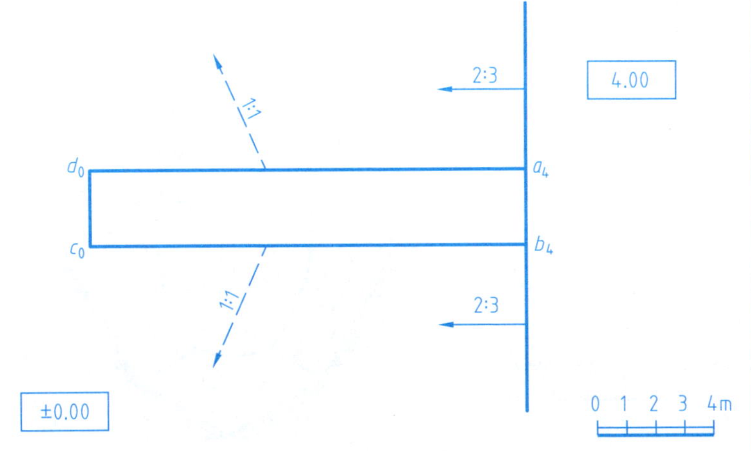

班级　　　　姓名　　　　学号

1. 在河岸坡面和土坝坡面的接头处作一圆锥面，坡度均为1:1，求河岸坡面、土坝坡面和圆锥面的交线及它们与河底面的交线。

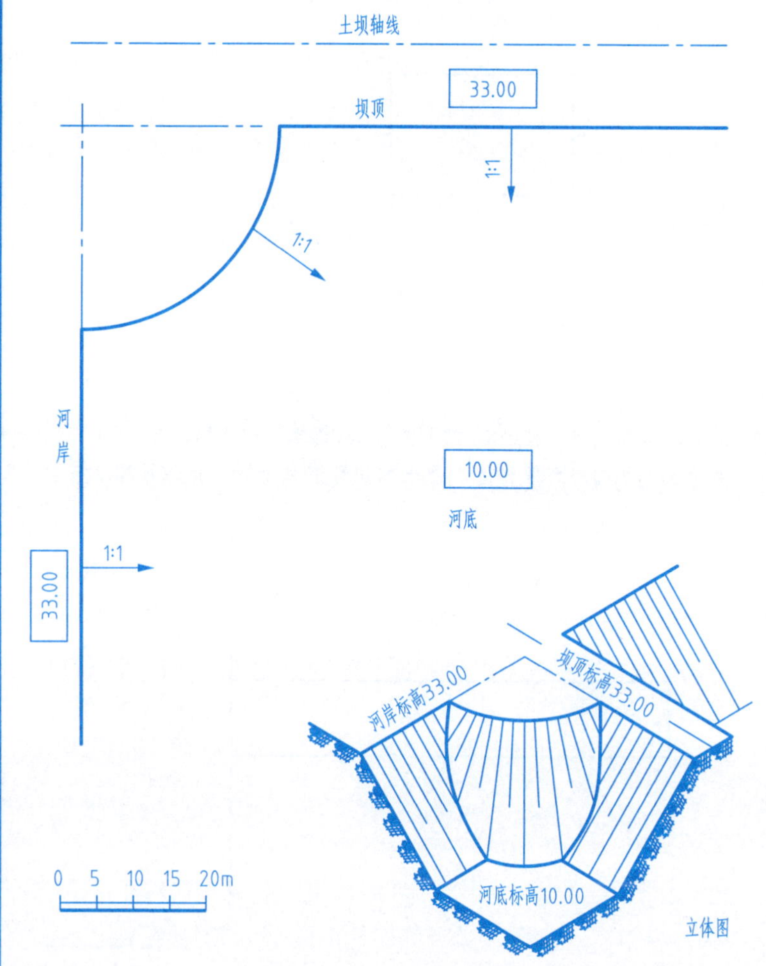

2. 有一圆弧形倾斜道路与干道相连，干道顶面的标高为4m，求干道坡面与地面(标高为0)、弧形斜道坡面与地面的交线，以及斜道坡面与干道坡面的交线。

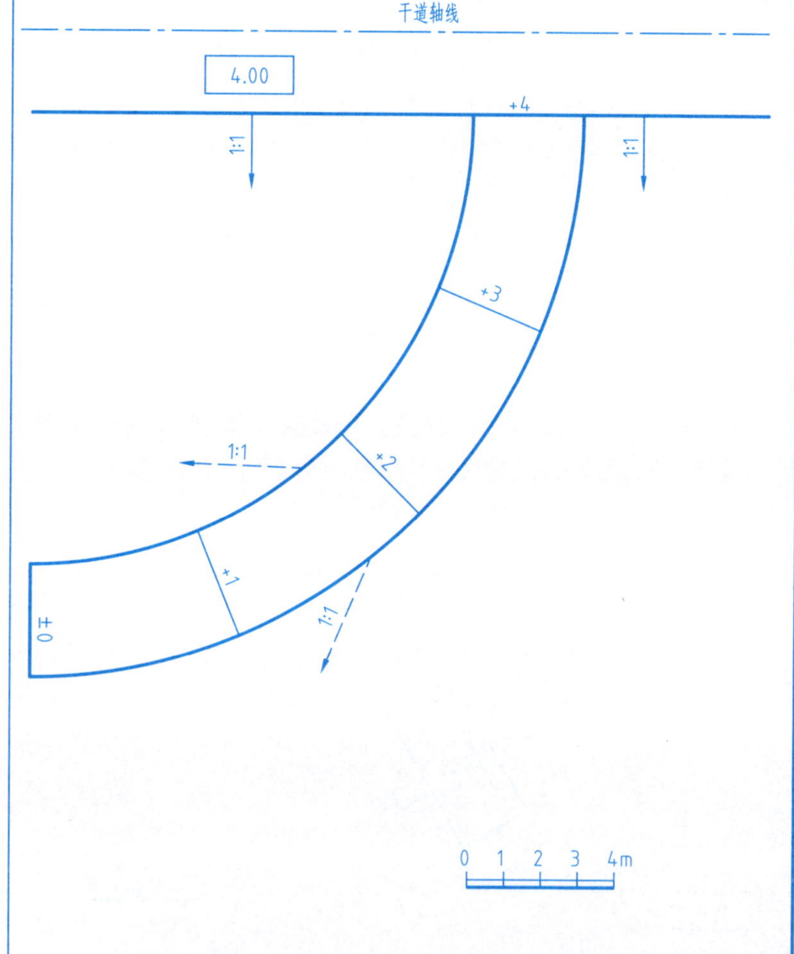

3. 在地面上拟铺设一管道AB，试求其与地形面交点的标高投影，并将AB露出地面部分画成实线、埋入地下部分画成虚线。

43 42 41 40 40 41 42 43 44 45 45 44 43 42

$a_{40.5}$

$b_{43.2}$

0 1 2 3 4m

4. 一段水平弯道，路面高程为26m，填方坡度为3:2，挖方坡度为1:1，求作填挖分界线。

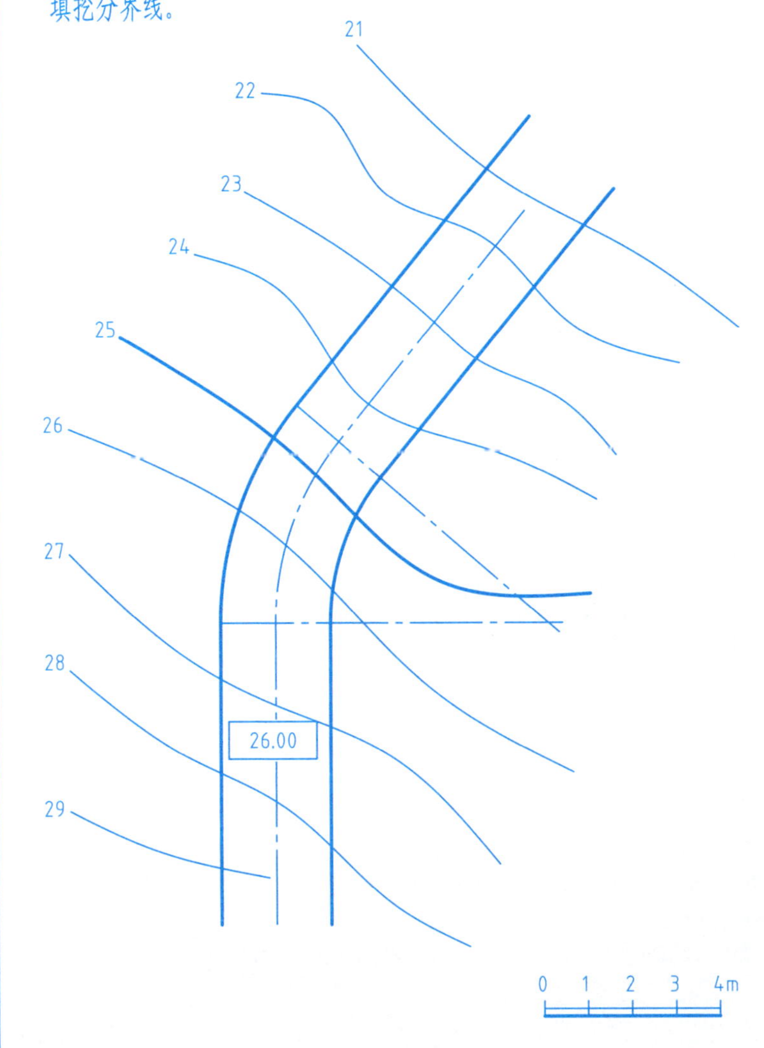

1. 在一河床上修筑一土坝，已知土坝轴线的位置和土坝设计断面，求作土坝平面图和下游立面图。

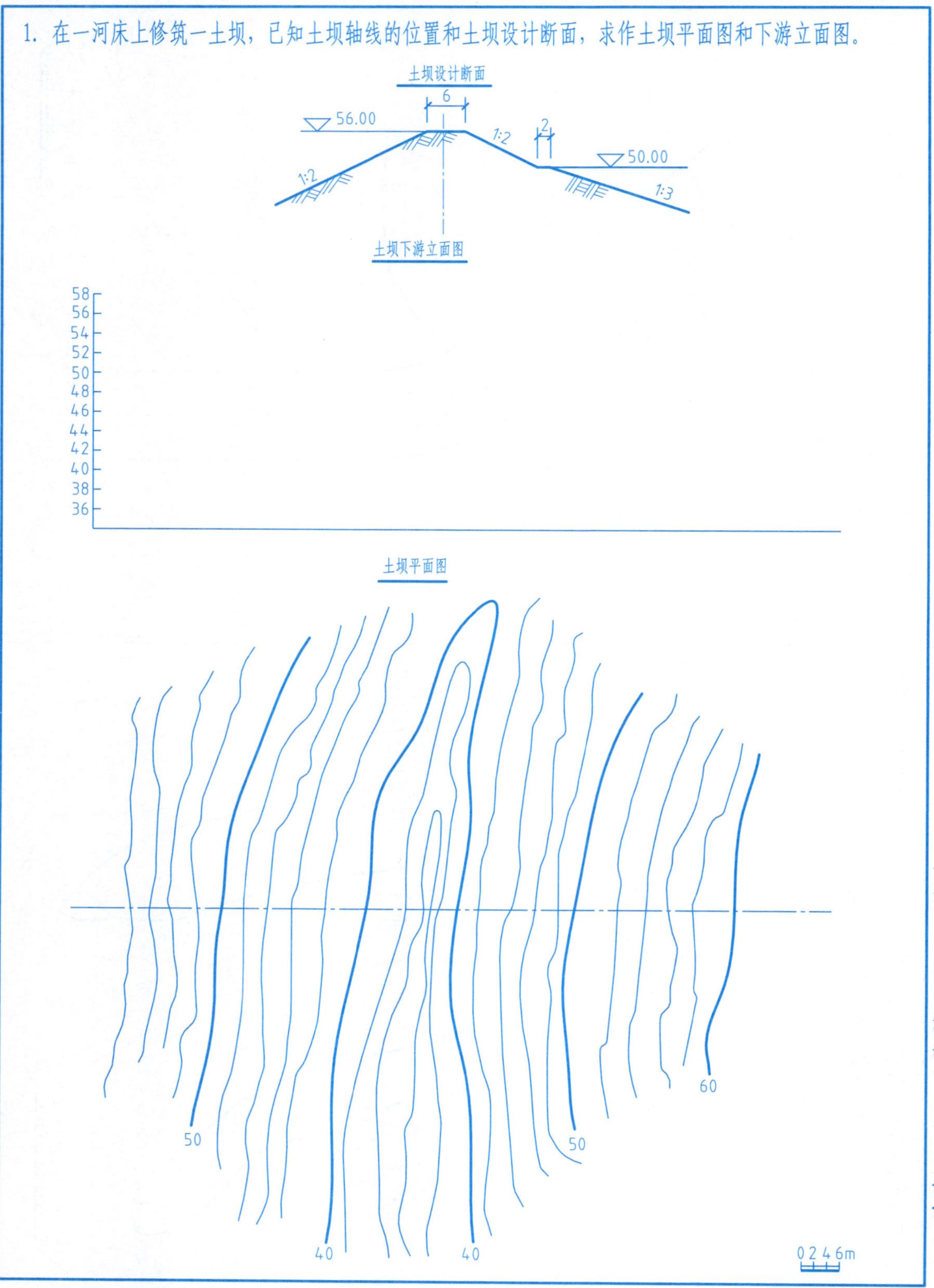

2. 在地面上修建一水平广场，其高程为82m，已知填方边坡为1:2，挖方边坡为1:1.5，求坡脚线、开挖线和各坡面交线。

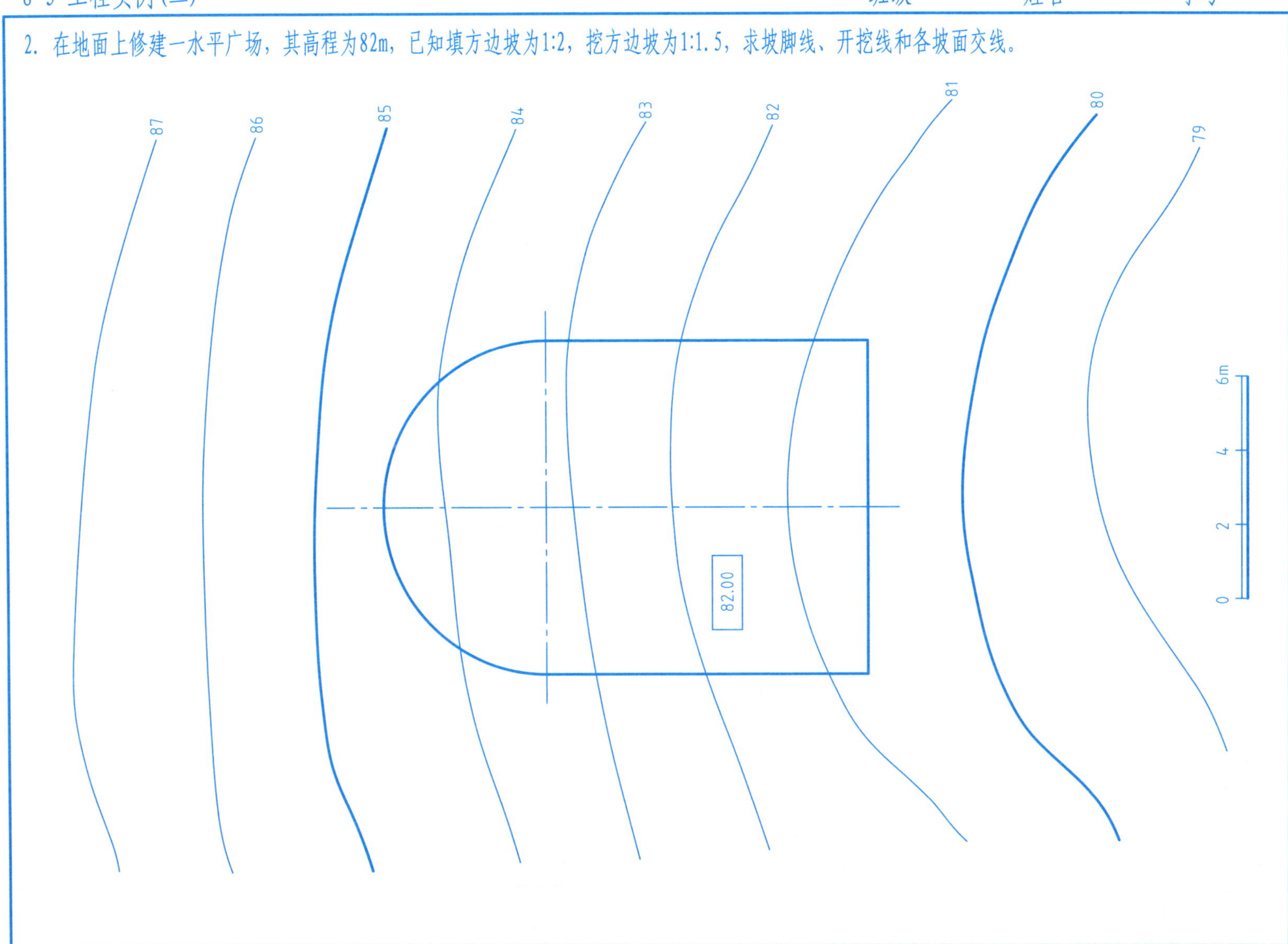

3. 已知地形面的标高投影，要在地面上修筑一斜道，道路两侧挖方边坡坡度为1:1，填方边坡坡度为1:1.5，试用断面法求道路坡面与地面的交线。

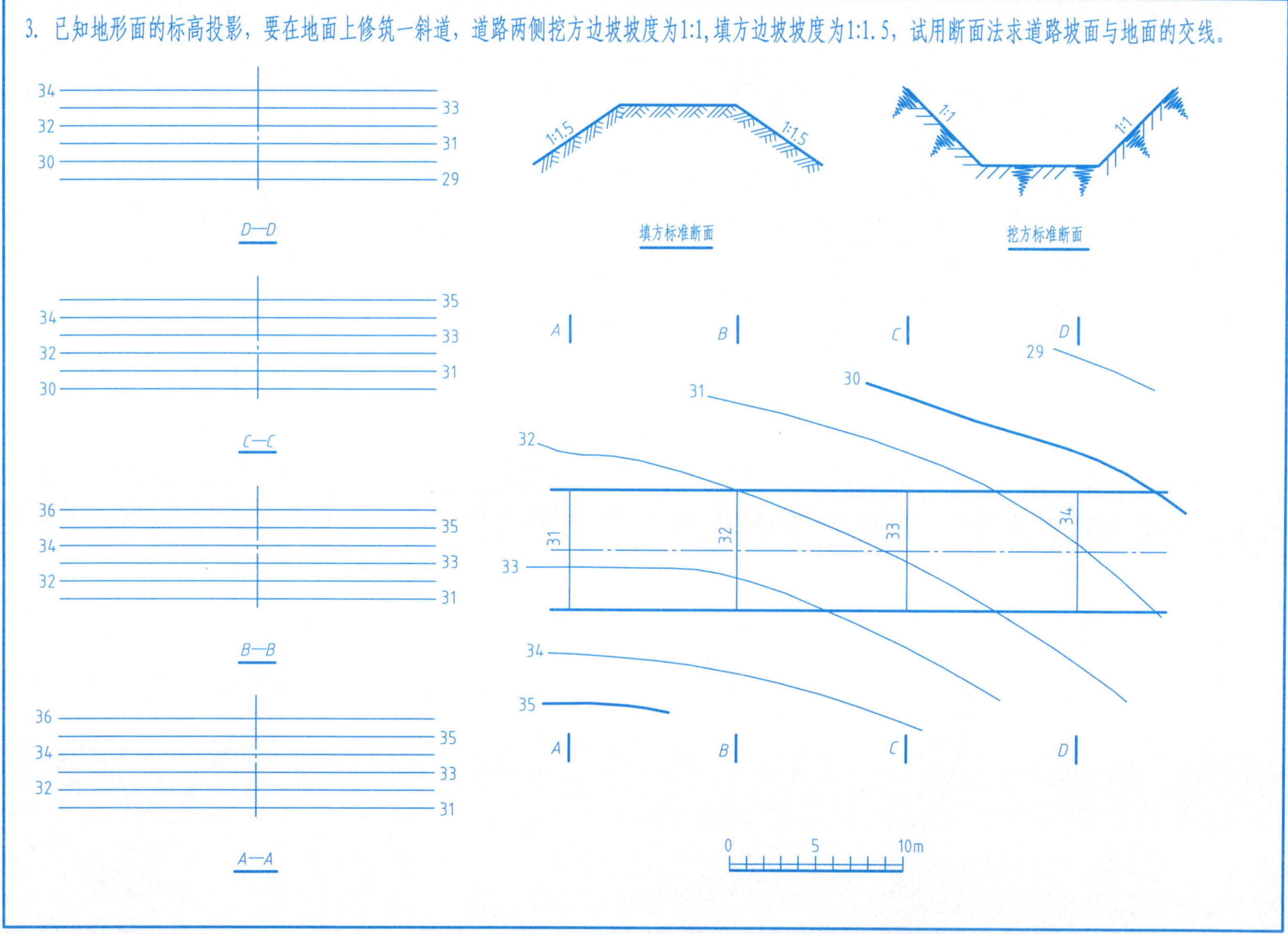

9-1 识读总平面图　　　　班级　　　　姓名　　　　学号

读右侧总平面图，填空、回答问题。

(1) 建筑总平面图是关于新建房屋在基地范围内的水平投影图，它表明了________________________。

(2) 本图采用______的比例，图中带指北方向的符号称为______，实线线框表示_____，虚线线框表示_______________。

(3) 图中新建房屋的定位是以_______为依据，尺寸是以___为单位。图中所注的室内、外标高是___标高，室内外高差为___m。

(4) 新建房屋是___层建筑，新建筑的____边有池塘，____边有一护坡，护坡中间有一____，以作上下交通之用，东南角带×的细实线线框表示___的房屋，____角有一围墙，新建房屋的___向有两个篮球场。

(5) 从图中注写的等高线标高，可知该地区的地势为由_____角坡向_____________。

(6) 说明下列符号的名称及按1:1绘图时的直径。

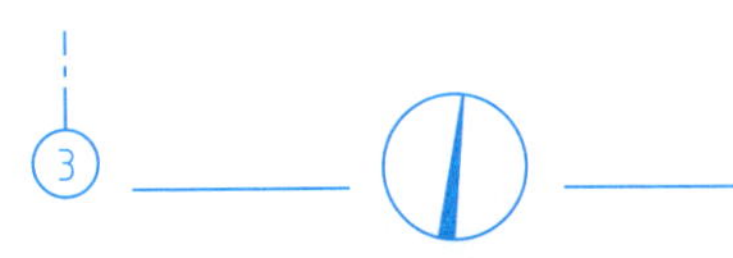

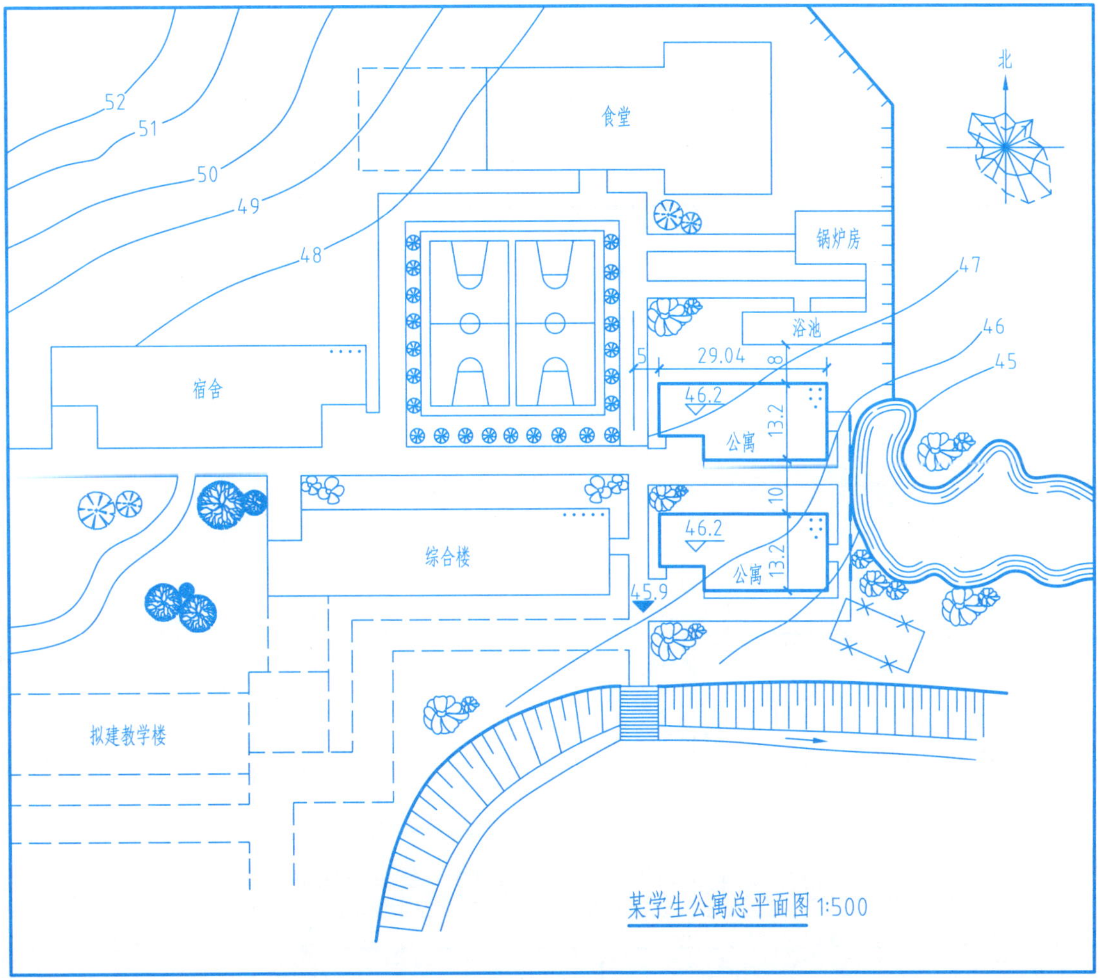

某学生公寓总平面图 1:500

1. 根据给出的平面图、①～④立面图，补绘Ⓓ～Ⓐ立面图和1—1剖面图，并标注尺寸。

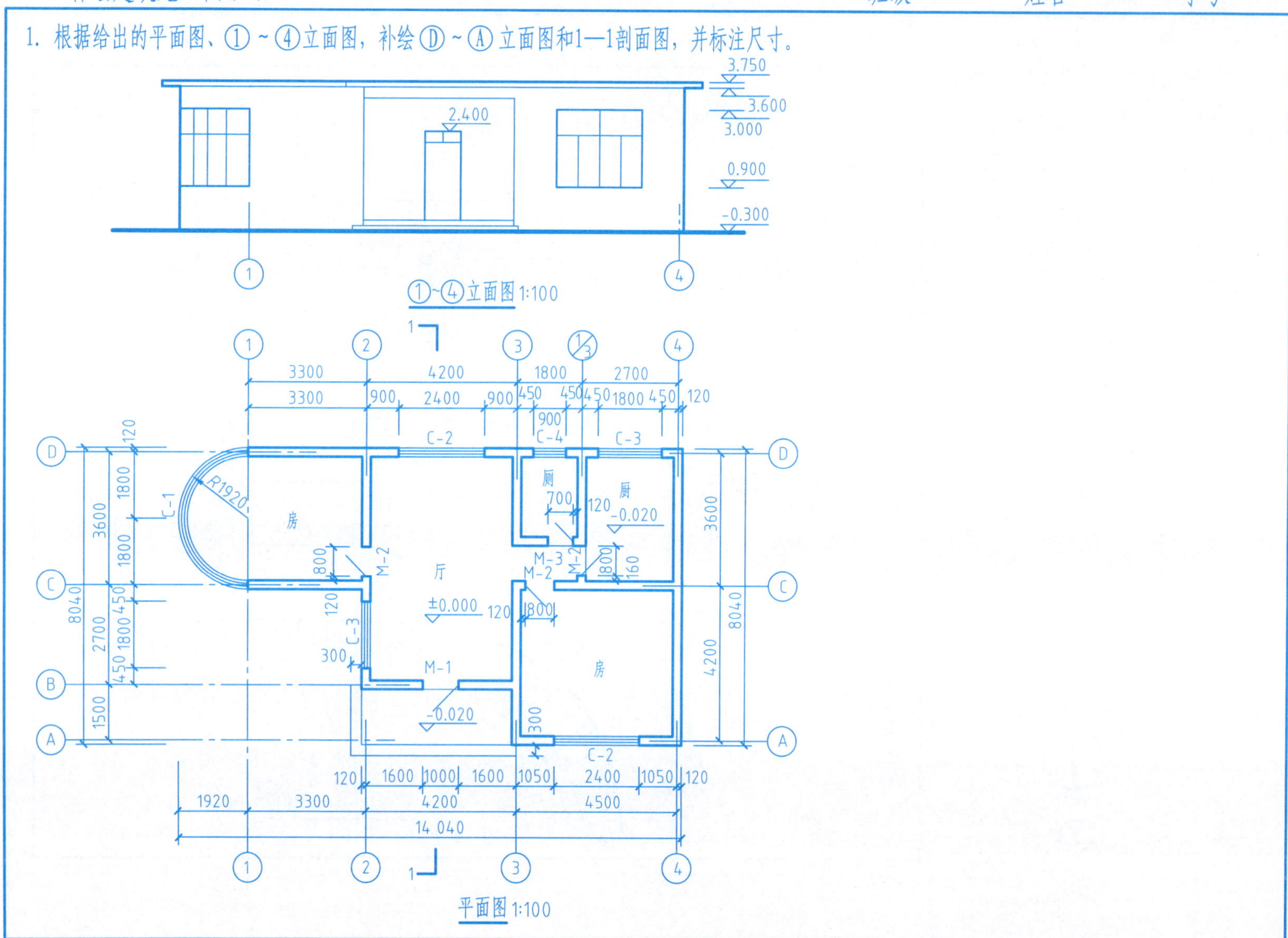

2. 根据本习题集第107～109页给出的收发室立面图、平面图和详图，在A2幅面的图纸上，用1:50的比例抄绘平面图、①～④立面图、Ⓐ～Ⓓ立面图，并补绘1—1剖面图。

(1) 图名：收发室平、立、剖面图。

(2) 目的：① 熟悉建筑施工图的表达内容和图示方法；

② 掌握绘制建筑施工图的步骤和方法。

(3) 要求：① 在读懂建筑平面图、南立面图、东立面图和详图的全部内容后，首先绘制1—1剖面图草图，检查无误后，方可开始在图纸上抄绘；

② 应按《土木工程制图》教材中所述的绘制建筑平面图、立面图和剖面图的步骤进行绘制；

③ 绘图时，要严格遵守GB/T 50104—2010《建筑制图标准》的各项规定。

(4) 说明：① 建议图线的基本线宽(即粗实线的线宽)*b*用0.7mm，其余各类线型的线宽应符合线宽的规定比例。同类图线，同样粗细，不同图线应粗细分明。

② 汉字应书写长仿宋字，字母、数字用标准字体书写。建议各图名称字高用10mm或7mm；定位轴线的编号的数字、字母的字高用5mm；尺寸数字和门、窗型号字高用3.5mm。

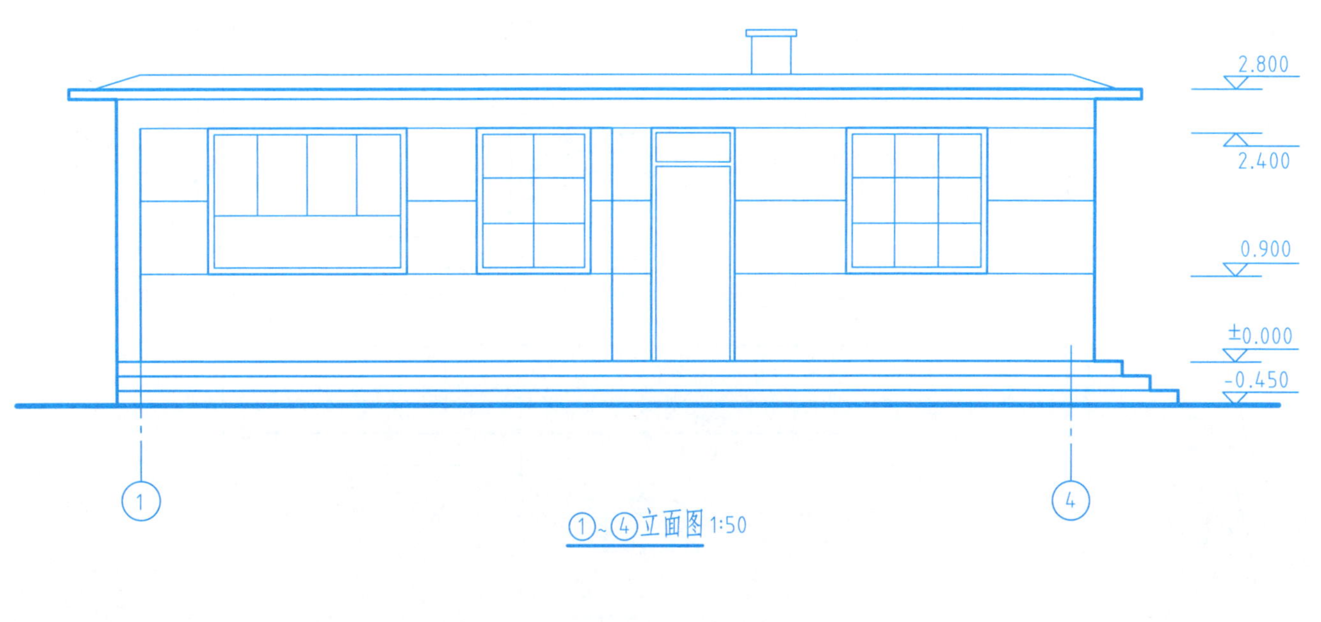

①～④立面图 1:50

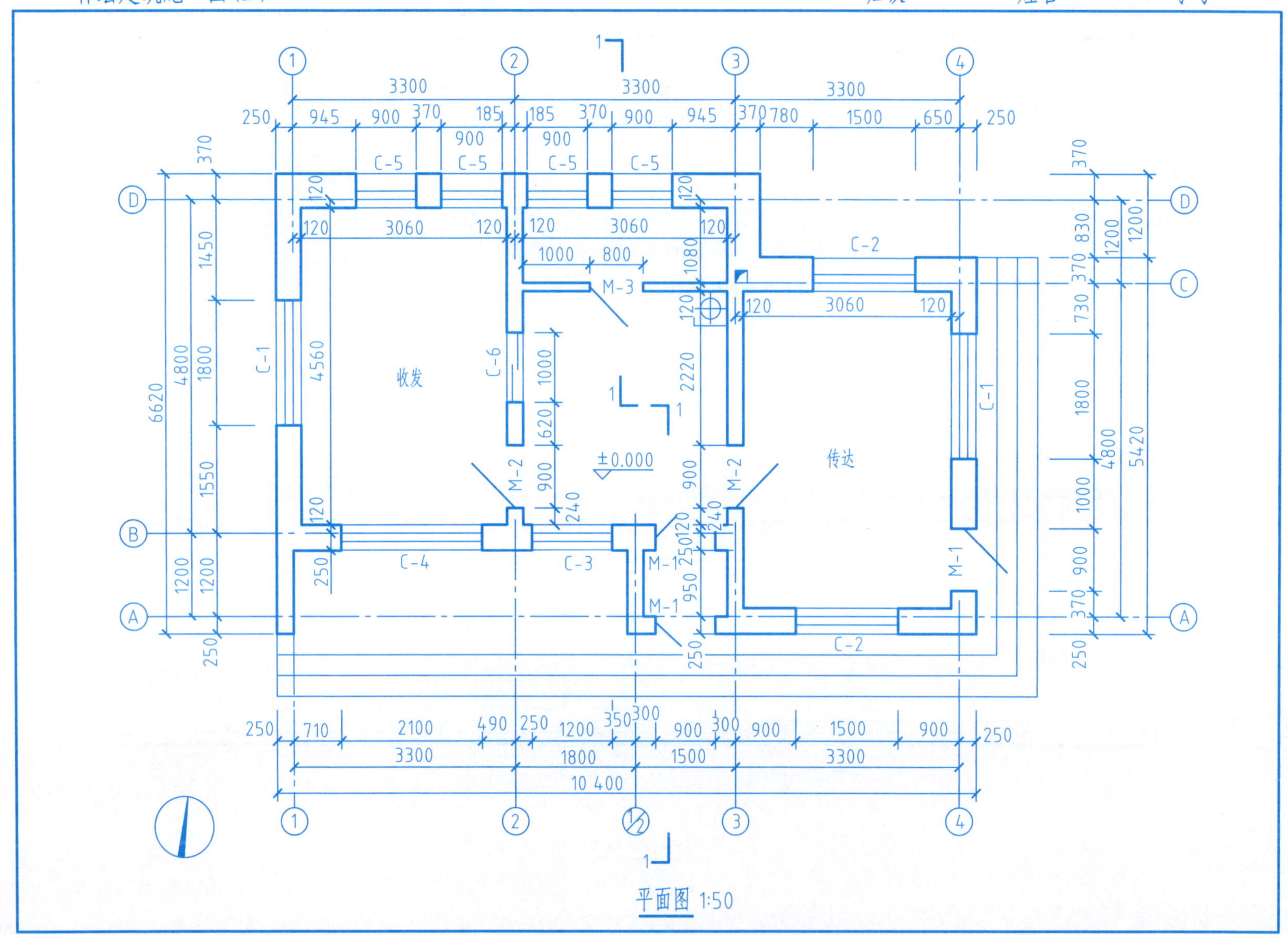

平面图 1:50

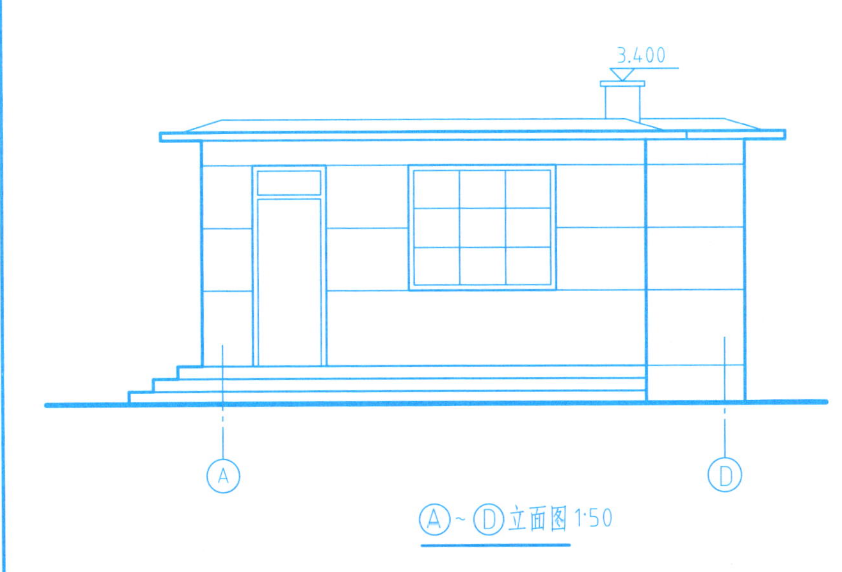

Ⓐ~Ⓓ立面图 1:50

细部尺寸:

(1) 屋檐

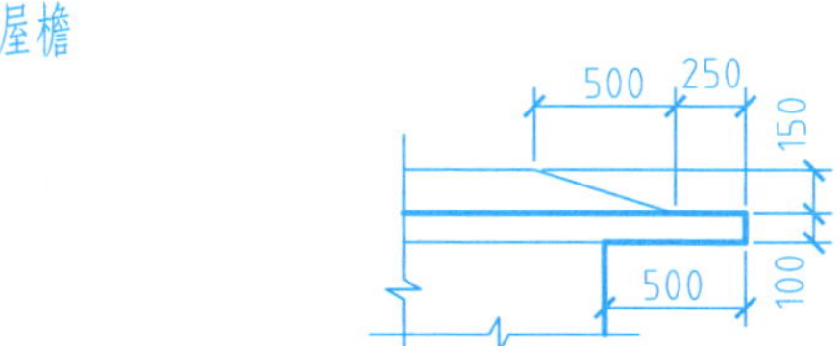

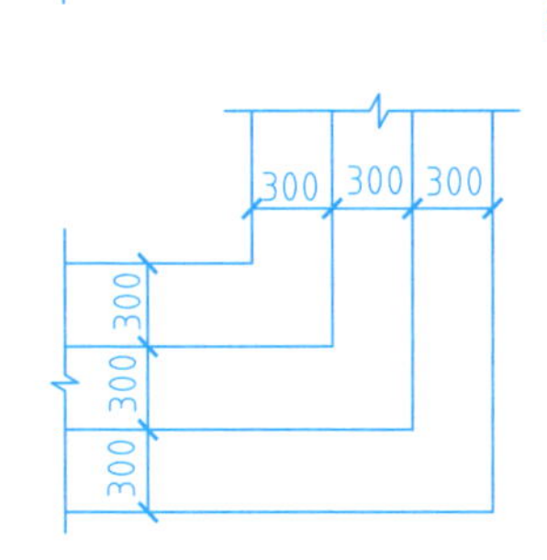

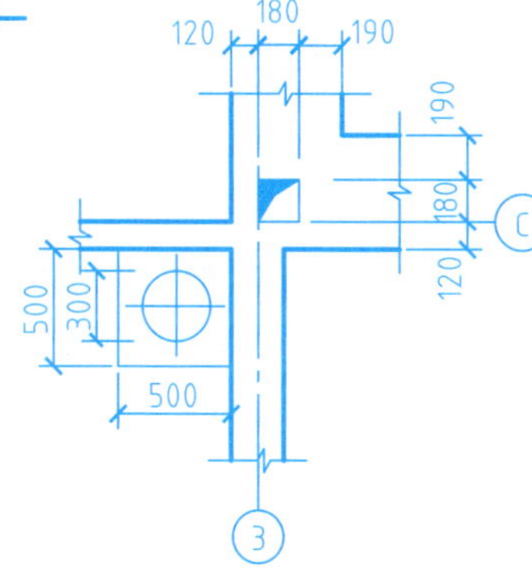

门 窗 表

类别	代号	宽x高	数量	类别	代号	宽x高	数量
门	M-1	900x2400	3	窗	C-3	1800x1500	1
	M-2	900x2000	2		C-4	2100x1500	1
	M-3	800x2000	1		C-5	900x1500	4
窗	C-1	1800x1500	2		C-6	1000x1000	1
	C-2	1500x1500	2				

根据某学生公寓的建筑平面图，填空、回答问题。

(1) 建筑平面图是假想用_____剖切平面，沿_____以上剖开整幢房屋，移去剖切平面以上部分后向下所作的________，它主要用来表达建筑物的____________________________________等平面布置。

(2) 建筑平面图一般采用_______________的比例。

(3) 建筑平面图中外墙通常标注三道尺寸，最里面一道是________，表示__________；中间一道是________，表示_____________；最外一道是________，表示_______________。

(4) 填写遗漏的定位轴线编号和尺寸。

(5) 公寓的总长是___ mm，总宽是______ mm，有横向定位轴线___条，纵向定位轴线___条，散水宽______ mm。

(6) 公寓前侧房间的开间为___ mm，进深为___ mm；厕所的开间为___ mm，进深为___ mm；入口有_步台阶，宽度为___ mm。

(7) 绘制门的开启线，其中M-1为双扇双向弹簧门，M-2为双扇外开平开门。

(8) 标注标高。室内地面为±0.000，室内外高差450mm，入口处台阶、洗漱间、厕所比同层地面低20mm，在图中标注室内外、洗漱间、底层地面、入口处台阶标高。

(9) 根据本习题集第113页的1—1剖面图，画出剖切位置符号。

(10) 按照本习题集第105页总平面图中该公寓的朝向绘制指北针。

尺规绘图　　绘图指导

一、目的

(1) 熟悉一般民用建筑的建筑平、立、剖面图的表达内容和图示特点。

(2) 熟悉并遵守建筑制图标准的各项规定。

(3) 学习并掌握建筑平、立、剖面图的画图方法和步骤。

二、图名、图幅、比例与图号

(1) 图名：建筑平面图、建筑立面图、建筑剖面图。

(2) 图幅：A3。

(3) 比例：1∶100。

(4) 图号：05、06、07。

三、内容

分别抄绘本习题集第111～113页的建筑平面图、建筑立面图和建筑剖面图。

四、要求

(1) 布图匀称，作图准确，粗细分明，同种线型宽度一致，字体端正，图面整洁。

(2) 严格按照《土木工程制图》教材所讲的绘图步骤进行。

(3) 直线和曲线的线宽必须做到粗细一致，建议粗实线线宽约为0.7mm，中实线和虚线线宽约0.35mm，细实线、点画线、尺寸线、尺寸界线线宽约0.18mm。

(4) 汉字采用长仿宋体，图名、标题栏中的校名及图名用10号，图中汉字和定位轴线中的数字、字母用5号，尺寸数字和门窗编号的字高用3.5号。

五、说明

(1) 要在仔细阅读该公寓的建筑平面图、立面图、剖面图的基础上，方可开始绘制。

(2) 尺寸标注要完整，其中标高形状为高约为3mm的等腰直角三角形。

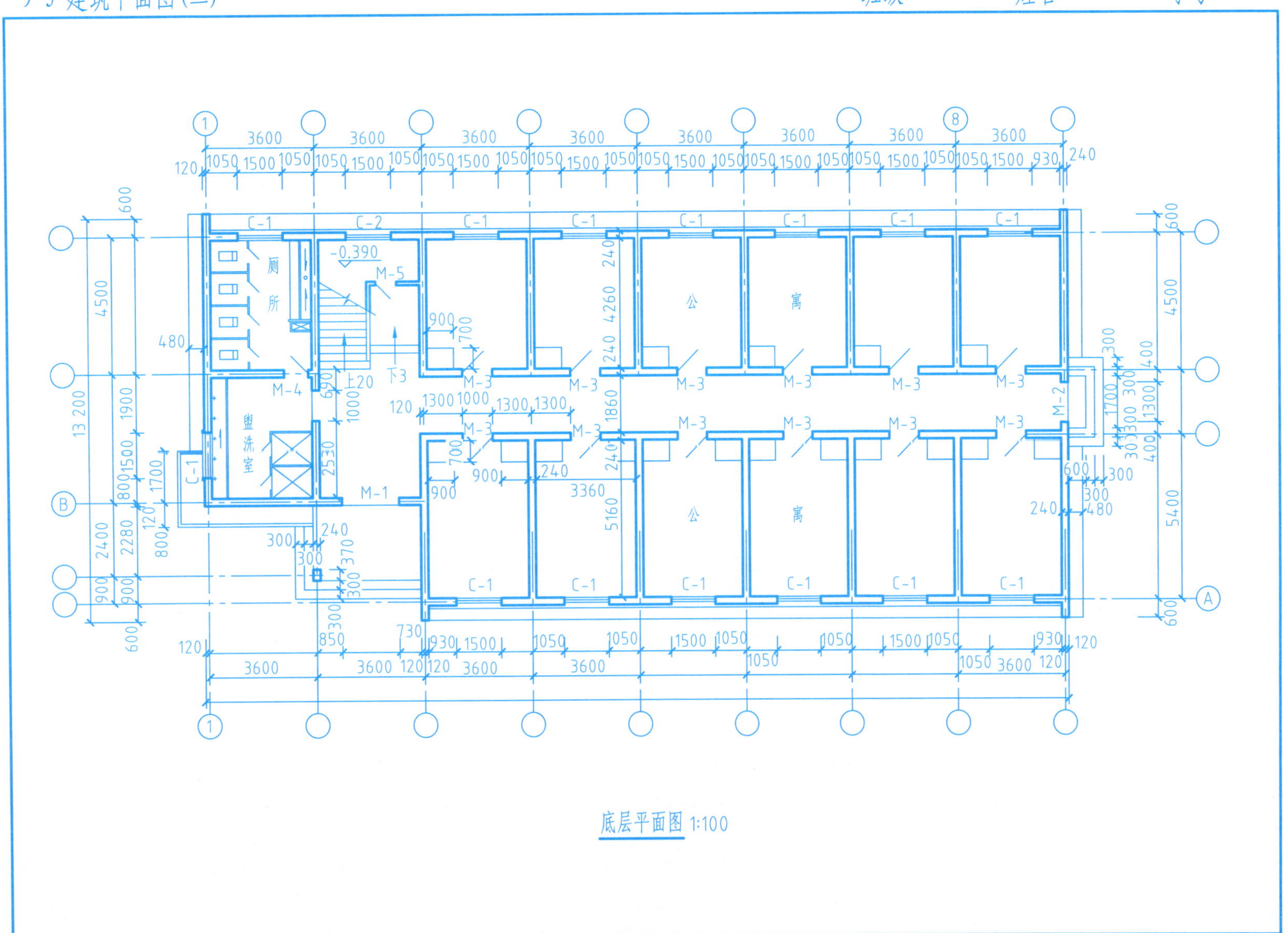

底层平面图 1:100

9-4 建筑立面图

班级　　　　姓名　　　　学号

根据某学生公寓的建筑立面图，填空、回答问题。

(1) 建筑立面图的图示方法，其中室外地坪线用________，建筑外轮廓和较大转折处用________，外墙面上明显凹凸起伏的部位如阳台、窗台、雨篷、台阶、门窗洞口等用________，门窗及墙面的分格线用________，并按照建筑立面图的线型要求加深立面图。

(2) 在立面图上标注标高，其中室内外高差450mm，层高3.2m，窗台高900mm，窗高1800mm。

(3) 用文字说明部分外墙面的装修做法，其中勒脚采用青色水刷石，窗间墙采用豆绿色水刷石。

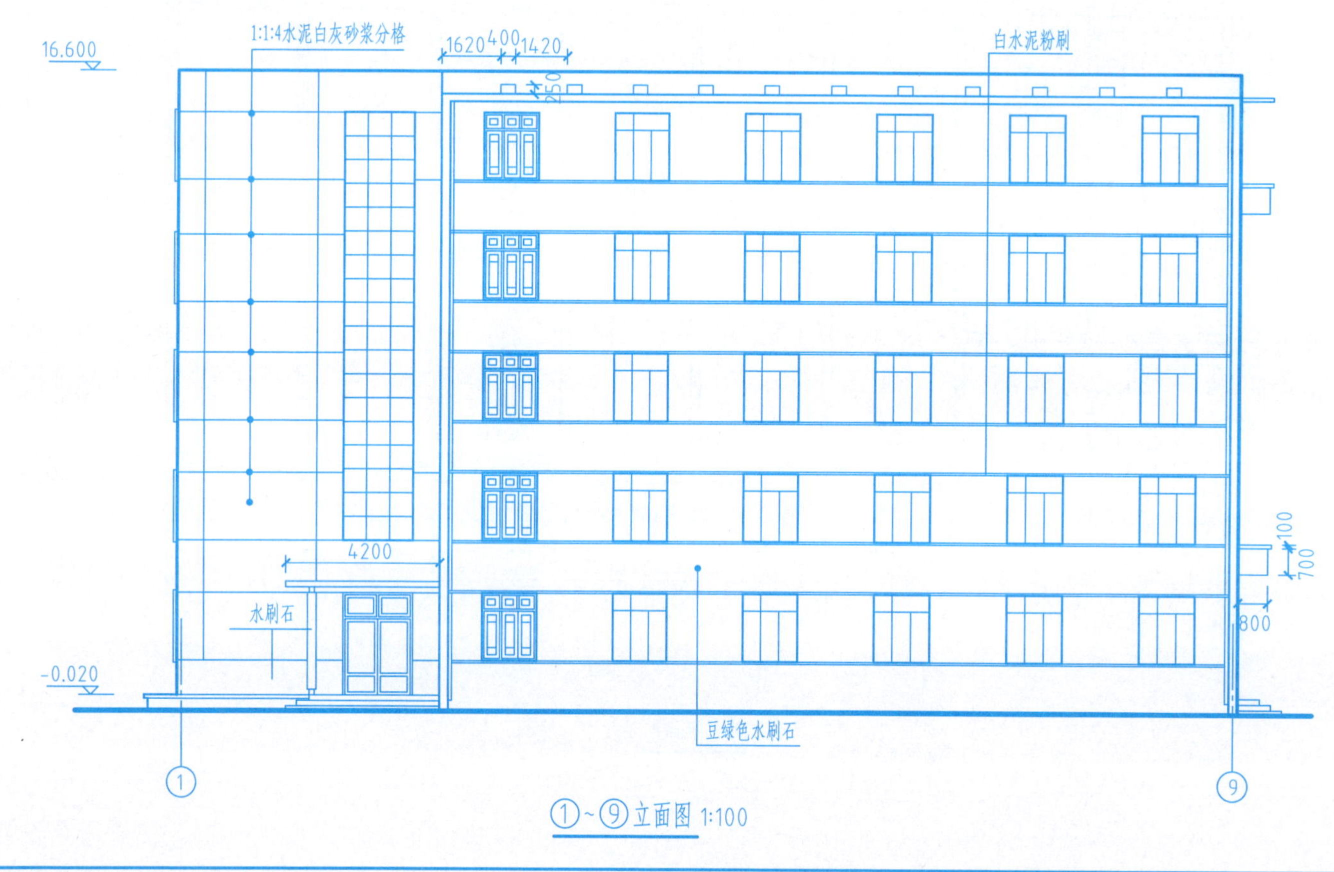

①~⑨立面图 1:100

16.600
1100
15.500
11 400
4.100
3000
1100
3.000
2.850
150
2.700
2870
-0.020
-0.450
430
15.950
3%
250
60
180
20厚1:2水泥砂浆抹面层
20厚1:3水泥砂浆找平层
100厚C20钢筋混凝土楼板
喷大白浆两道
2100
900
12.800
250x300
300x60
11.200
(8.000)
4.800
3.200
240x180
1.920
200x250
±0.000
-0.020
-0.390
2400
8700
1/A
B
E
400
300
400
1340
1800
1400
1800
1280
580
1350
15.900
15.500
14.160
(12.360)
(9.160)
5.960
4.560
(7.760)
(10.960)
2.760
1.480
0.900
-0.450

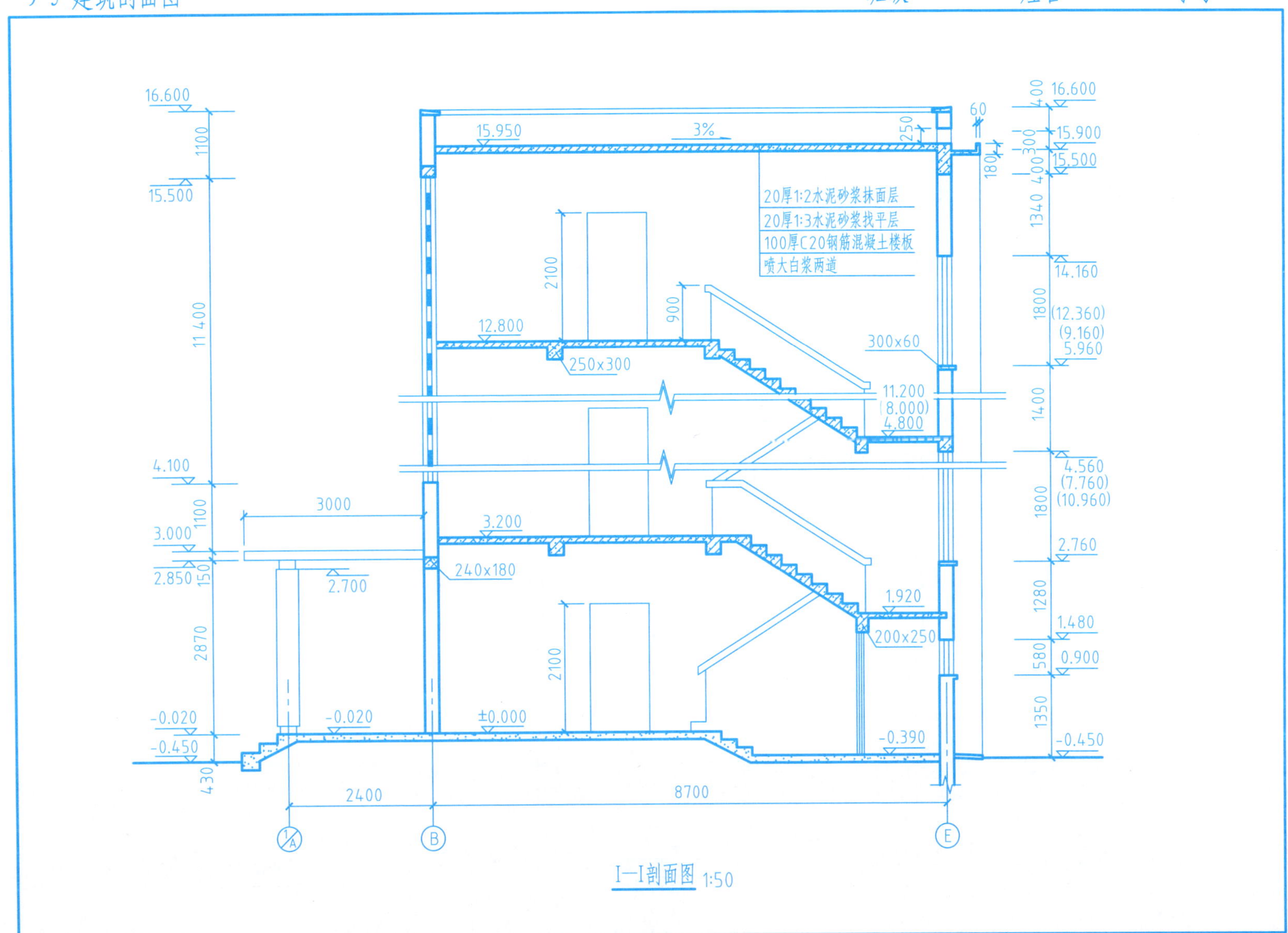

I—I剖面图 1:50

完成楼梯详图的填充题和补图题。

(1) 楼梯通常由______________________________等组成。楼梯的结构形式有______和______两种。踏步由____面和____面所组成。

(2) 楼梯详图包括________、________及楼梯______________组成。

(3) 从本页尚未补全的这幢学生公寓的楼梯剖面图可以看出，该楼梯为___跑楼梯，楼梯间的开间为______，进深为______，楼梯段的宽度为_______，平台的宽度为_____，各层休息平台的标高分别为____________，踏面宽_____，楼梯栏板高____，楼梯井宽____，每层有踏步___级，其中一层至二层第一梯段有踏步___级，第二梯段有踏步___级。

(4) 根据图中给定的尺寸补全楼梯平面图及上下行箭头(实际绘图比例1:100)。

(5) 按照楼梯详图的画法与步骤，用A3图纸抄绘楼梯底层平面图、顶层平面图，并绘制2—2楼梯剖面详图，要求图面整洁、线型分明、布图均匀，尺寸标注完整齐全。

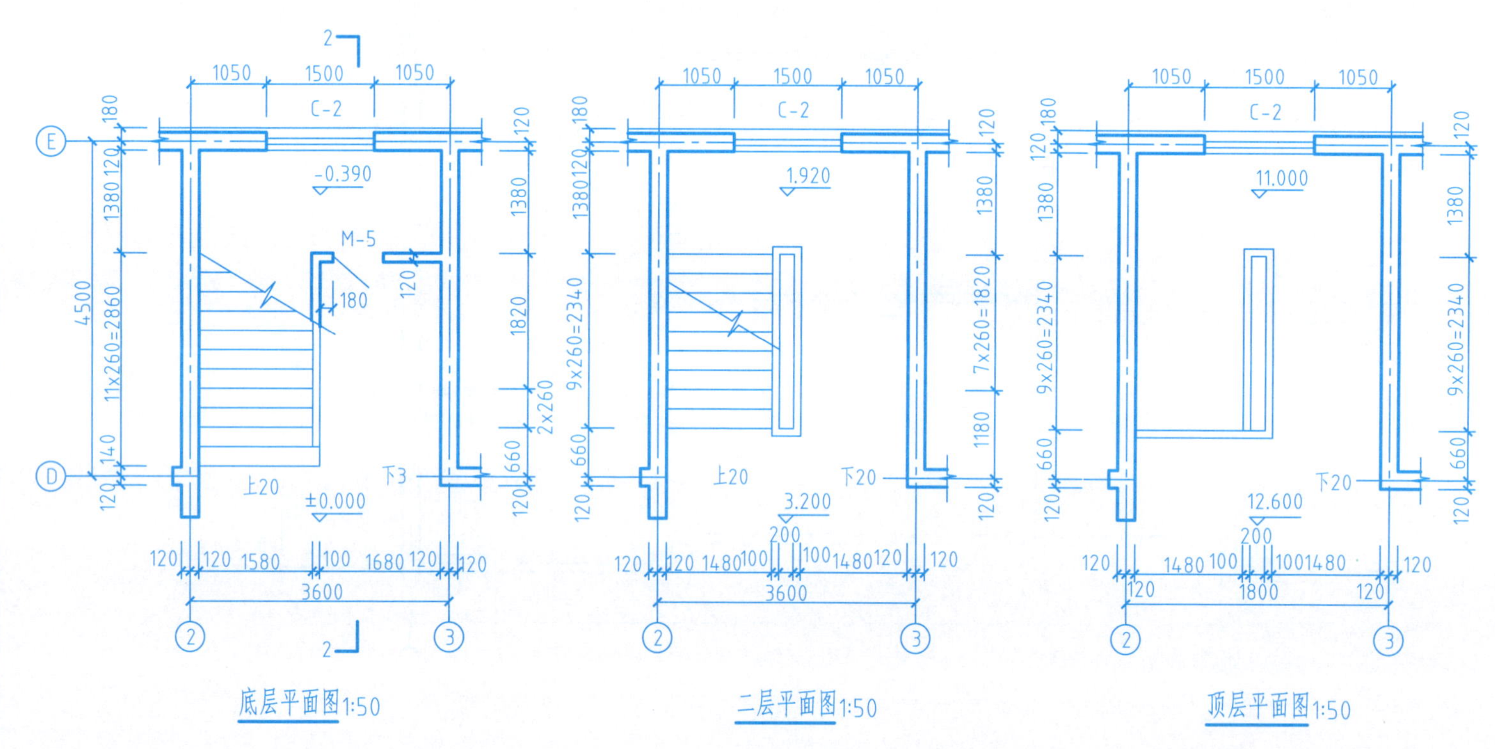

底层平面图1:50　　二层平面图1:50　　顶层平面图1:50

10-1 结构施工图　　班级　　姓名　　学号

填空、回答问题。

(1) 构成__________称为建筑结构，目前我国常用的建筑结构有________和________两种。

(2) 钢筋混凝土构件由______和______两种材料组合而成，其按施工方法的不同可分为______和______两种。

(3) 配置在钢筋混凝土构件中的钢筋，按其作用可分为______、______、______、______及______五种。

(4) 绘制和阅读钢筋混凝土构件详图时，应遵守 GB/T 50105—2010《__________》的规定。

(5) 为了使钢筋和混凝土之间具有良好的黏结力，避免钢筋在受拉时滑动，应在____钢筋的两端设置______。

(6) 为了便于明显地表示钢筋混凝土构件中钢筋的配置情况，在构件详图中，假想混凝土为______且________，用____实线画出外形轮廓线，用____实线或______表示钢筋，在图中还应标注出钢筋的____、____、____和____，钢筋的编号用______，宜写在直径为______的____实线圆圈内。

(7) 写出下列常用结构构件的代号名称：KB______　GL______　QL______　KJ______　DL______

YP______　LD______　M______　LL______　GZ______

(8) 在结构平面图中配置双层钢筋时，底层钢筋的弯钩应向____或向____画出，顶层钢筋的弯钩则向____或向____画出。

(9) 钢筋混凝土梁的构件详图，一般包括______、______、______和________。

(10) Φ10@250 表示钢筋是______钢筋，10 表示______，@表示______，250 表示______。

(11) ________简称“平法”，平法的表达形式概括来说，是把结构构件的______和______等，按照______表示方法的制图规则，整体直接表达在各类构件的________上，再与________相配合，即构成一套新型完整的结构设计图。

(12) 基础下面的土壤称为____，埋入室内地面以下的墙称为______，该墙上砌筑的阶梯状砌体称为______，基础的埋置深度是指从______到______的垂直距离。常用的基础形式有______和______。

(13) 在楼层结构平面图中，其定位轴线应与______图保持一致。

(14) 在钢结构中，最常用的型钢有等边角钢、不等边角钢、工字钢、槽钢和扁钢等，它们的截面符号分别顺次为____、____、____、____、____。

(15) 钢屋架结构详图是表示钢屋架的____、____、______，杆件的____和____情况的图样，其主要内容包括______、______、______、______、______，以及______等。

图示为三跨连续T形梁的钢筋结构图，将立面图、断面图、钢筋数量表结合起来阅读，按作业要求阅读和绘制图形。

(1) 梁总长、梁高、梁上翼缘宽、腹板厚度各为多少？

(2) ①、②、③、④、⑥、⑦号钢筋是受力筋还是架立筋？

(3) ⑫号钢筋的直径和长度各为多少？在梁中如何分布？间距多少？

(4) 为什么在Ⅳ—Ⅳ、Ⅴ—Ⅴ断面图中找不到⑮号钢筋？

(5) ⑯号钢筋在梁中起什么作用？共有多少根？单根钢筋的长度为多少？有弯折或弯钩吗？

(6) 直接按图中所量尺寸，绘制Ⅲ—Ⅲ断面图及③、⑦、⑪和⑮号钢筋的钢筋详图。

T形梁钢筋数量表

编号	略图	钢号和直径 (mm)	长度 (cm)	根数	总长度 (m)	每米重量 (kg/m)	总长度重量 (kg)
①	9000	Φ20	910	4	36.4	2.47	88.91
②	9000	Φ18	909	4	36.36	2.00	72.72
③	760 900 6500 800 3200	Φ20	1226	2	24.52	2.47	60.56
④	1400 900 5200 800 3200	Φ20	1160	2	23.2	2.47	57.3
⑤	8200	Φ18	820	2	16.4	2.00	32.8
⑥	3200 800 5600 800 3200	Φ18	1360	1	13.6	2.00	27.2
⑦	3300 800 4400 800 3300	Φ18	1260	1	12.6	2.00	25.2
⑧	500 700 1100 700 500	Φ20	350	1	3.5	2.47	8.65
⑨	5300	Φ20	530	2	10.6	2.47	26.18
⑩	6600	Φ20	660	2	13.2	2.47	32.6
⑪	17 100	Φ20	1710	1	17.1	2.47	42.24
⑫	250 750	Φ10	110	113	124.3	0.62	76.69
⑬	9000	Φ12	900	4	36	0.89	31.97
⑭	8500	Φ12	850	2	17	0.89	15.1
⑮	5700	Φ12	576	4	23.04	0.89	20.46
⑯	28 000	Φ12	2800	4	112	0.89	99.68
总重量 (kg)							718.26
绑扎用铅丝 0.5%							3.59

班级　　姓名　　学号

⑮ I ③ ④ ⑫ Φ10@250 II ⑪⑮ III ⑩⑨ ⑥⑦③ ⑧ IV ④ ③ ⑨ ⑭ ⑩ V ⑪
①② I ⑬ II III ④ IV ①②⑤ ⑥ ⑦ ⑭ V
900
8000
1100
8000/2
立面图1:200
⑯ ③ ④ ⑮ ⑬ ⑫ ① ②
⑮ ⑯ ⑰ ⑬ ③ ④ ② ①
⑨ ⑩ ⑪ ③ ⑧ ④ ⑦ ⑥ ⑭ ② ①
800
50
50
70
700
⑪ ⑭ ⑥ ⑦ ⑤
350
250
200
I—I断面图1:200
II—II断面图1:200
III—III断面图1:200
IV—IV断面图1:200
V—V断面图1:200

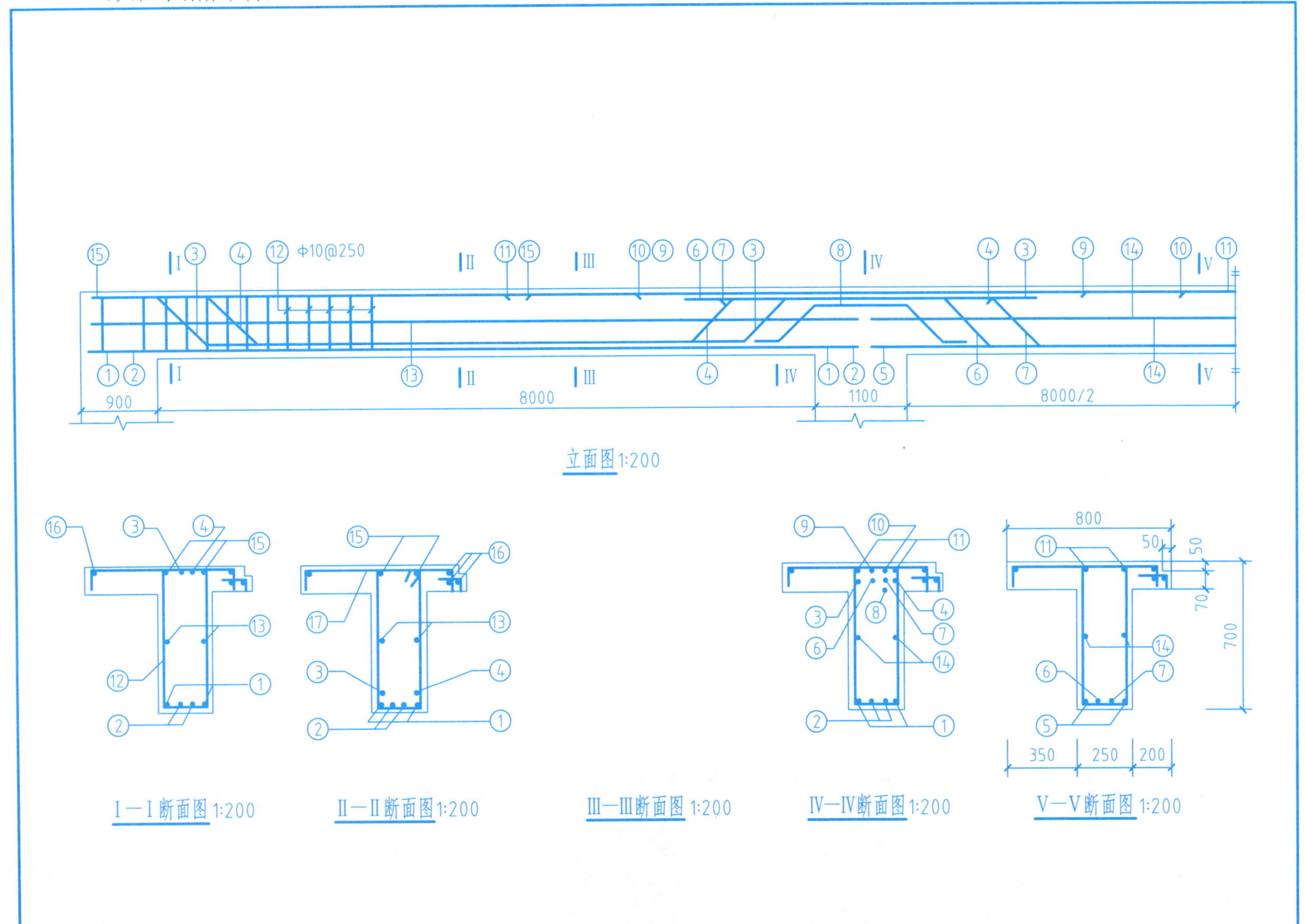

10-3 基础平面布置图

班级　　　　姓名　　　　学号

阅读该学生公寓的基础平面布置图及本习题集第119页的基础详图，填空、回答问题。

(1)该建筑物采用______基础，有____种不同断面形式的基础，基础的埋置深度为______，防潮层的位置和做法为______________________________。

(2)1—1详图中的基础宽度为______mm，垫层厚度为______mm，材料为________，大放脚高为______mm，宽为______mm。

(3)在①轴线与Ⓑ轴线和Ⓔ轴线相交的墙角处附近各有一________，其尺寸为__________，洞底标高为__________，洞的中心与①轴线相距______。

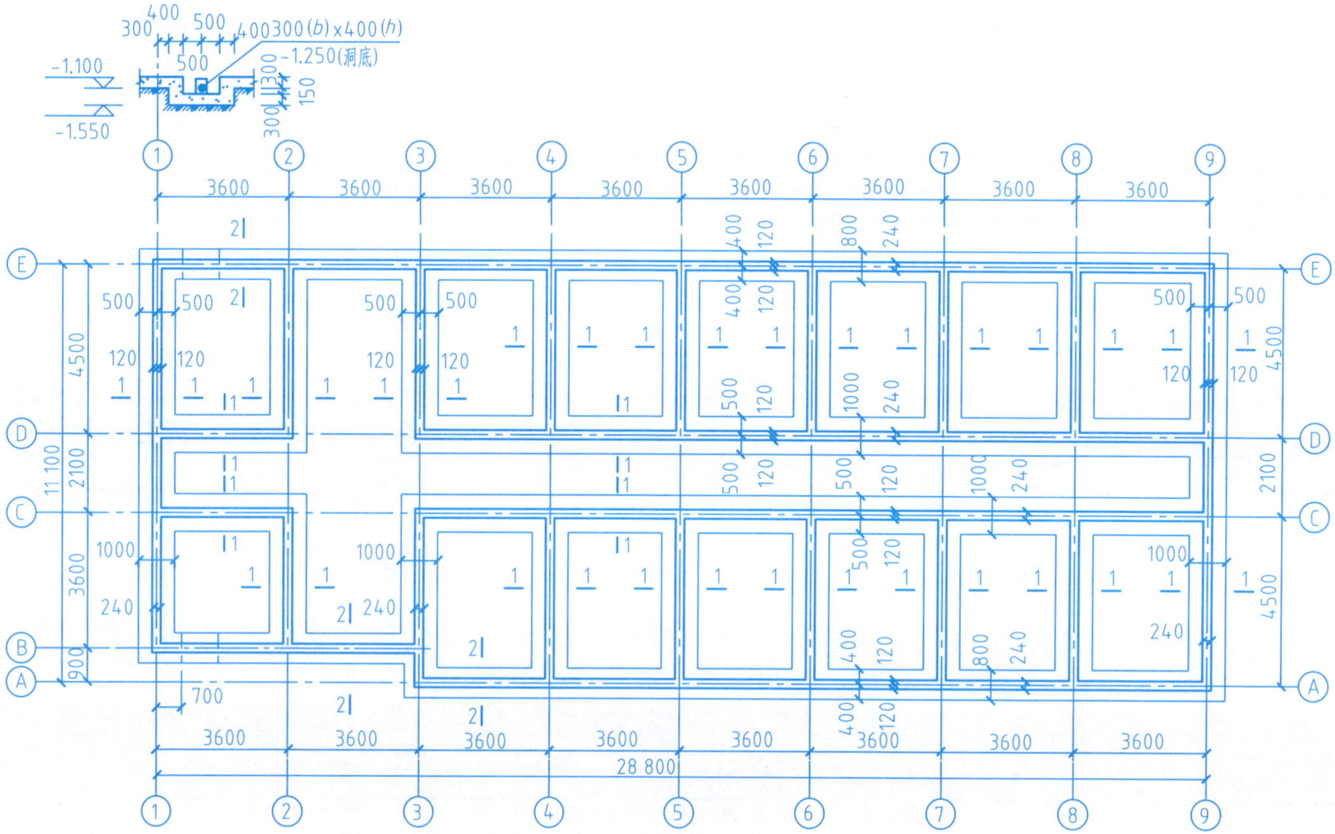

基础平面图 1:100

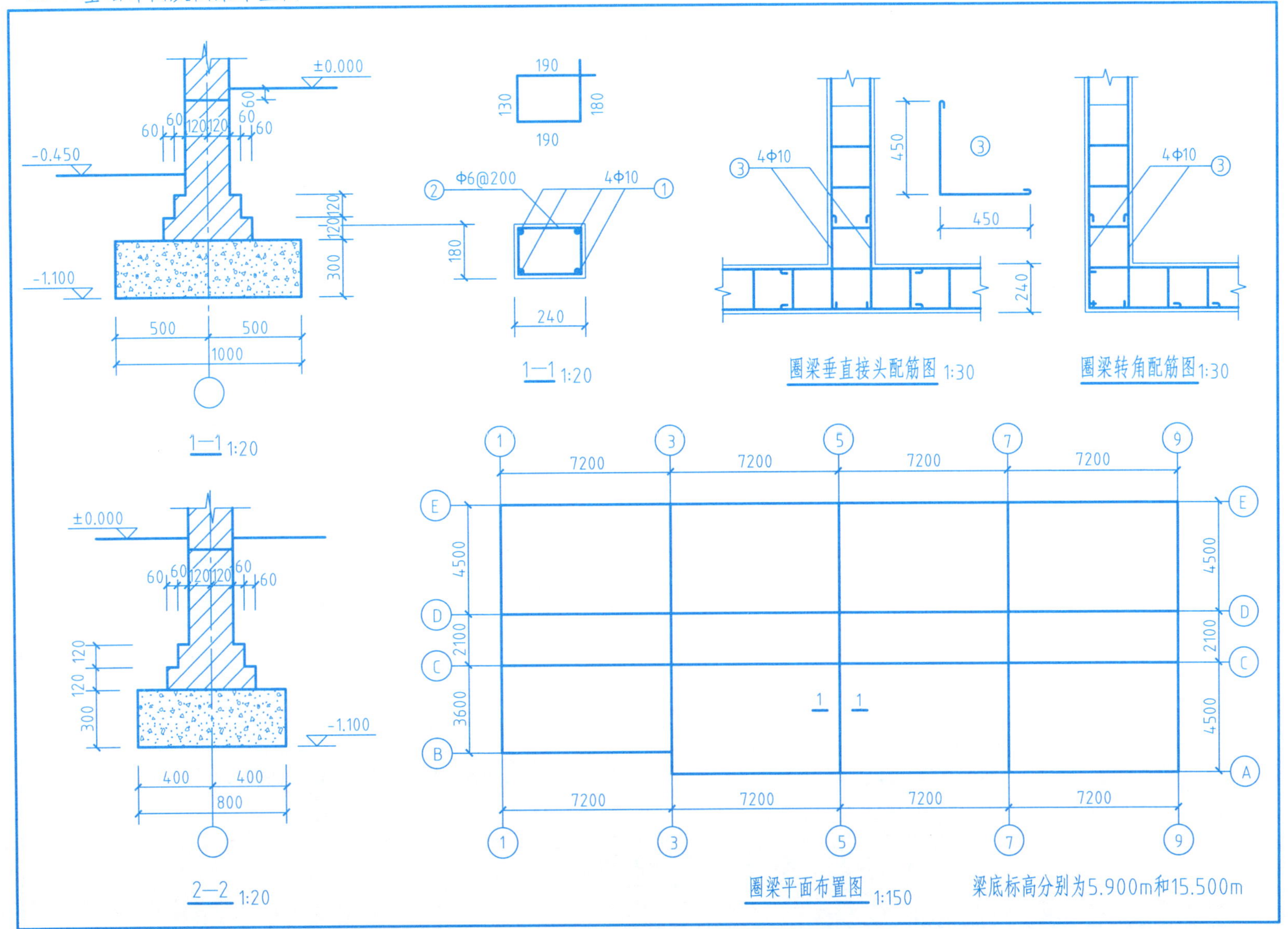
±0.000
60
60
60
120
120
60
60
-0.450
120
120
300
180
-1.100
500
500
1000
1—1 1:20
±0.000
60
60
120
120
60
60
120
120
300
-1.100
400
400
800
2—2 1:20
190
130
180
190
②
Φ6@200
4Φ10
①
180
240
1—1 1:20
③
4Φ10
450
③
450
240
圈梁垂直接头配筋图 1:30
4Φ10
③
圈梁转角配筋图 1:30
1
3
5
7
9
7200
7200
7200
7200
E
D
C
B
A
4500
2100
3600
4500
2100
4500
1
1
圈梁平面布置图 1:150
梁底标高分别为5.900m和15.500m

10-5 楼层结构平面布置图　　　　班级　　　　姓名　　　　学号

阅读该学生公寓的楼层结构平面布置图，填空、回答问题。

(1)楼层结构平面布置图是假想用水平剖切平面沿__________剖切后所得的水平剖视图，主要表明______________________承重构件的__________、________和________情况，是结构施工时布置或安放各层__________的依据。

(2)从楼板的布置情况看，标准层的楼板布置有________楼板和现浇楼板两种，其中现浇楼板为该学生公寓的________处，板厚mm，①号钢筋为________筋，规格为________，配置在楼板______(底/顶)层，表示____________________；④号钢筋为________筋，规格为________，配置在楼板______层。

(3)图中GL15240表示______________________，3Y-KB365-4表示______________________。

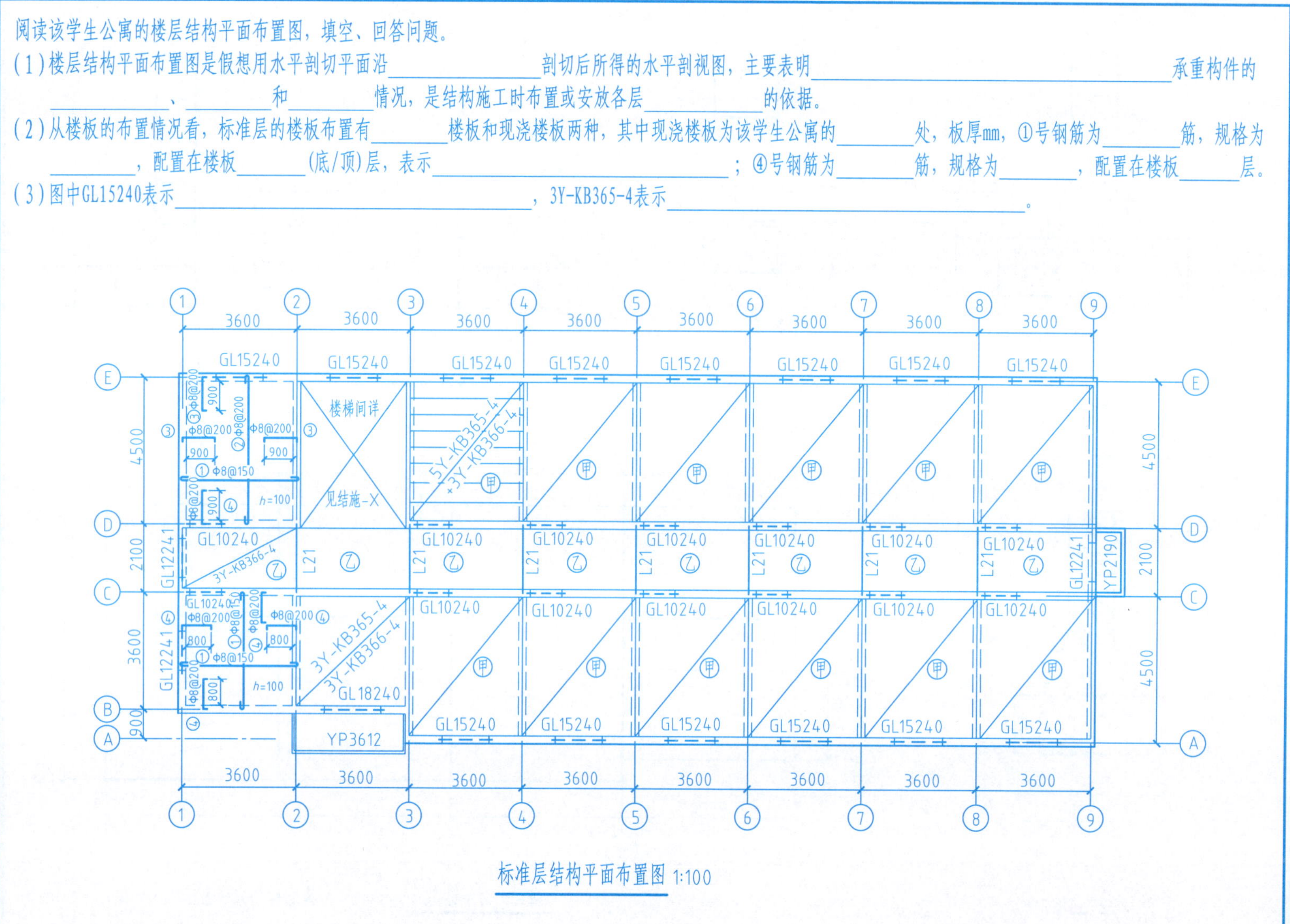

标准层结构平面布置图 1:100

11-1 公路路线平面图

班级　　　　姓名　　　　学号

图示为公路路线平面图，按作业要求识读。

曲线要素表

JD	α Z	α Y	R	L_s	T	E	L
JD177	64°36′25″		113.897	35	89.782	21.386	163.421
JD178		21°30′12″	192.753	35	54.146	3.714	107.341
JD179	21°19′13″		236.728	35	62.097	14.377	123.089
JD180	61°52′27″		70	35	59.858	12.459	110.597
JD181		35°51′14″	89.833	35	46.723	5.180	91.215

作业要求：

阅读公路路线平面图，并回答下列问题：

(1) 该路线的起止里程是多少？

(2) JD178表示什么？该处是左偏角还是右偏角？圆曲线设计半径、曲线长各为多少？

(3) 说明水准点的方位和高程。

(4) 有几个导线点，其高程各为多少？

(5) 试说明ZH、HY、YH、HZ代表何意义。

(6) 符号“═══”表示什么？

(7) 符号“⚲”和“|”各表示什么？

(8) 该图的比例为多少？采用此比例的依据是什么？

(9) 以何方式表示了该地区的方位和走向？

11-2 公路路线纵断面图

班级　　姓名　　学号

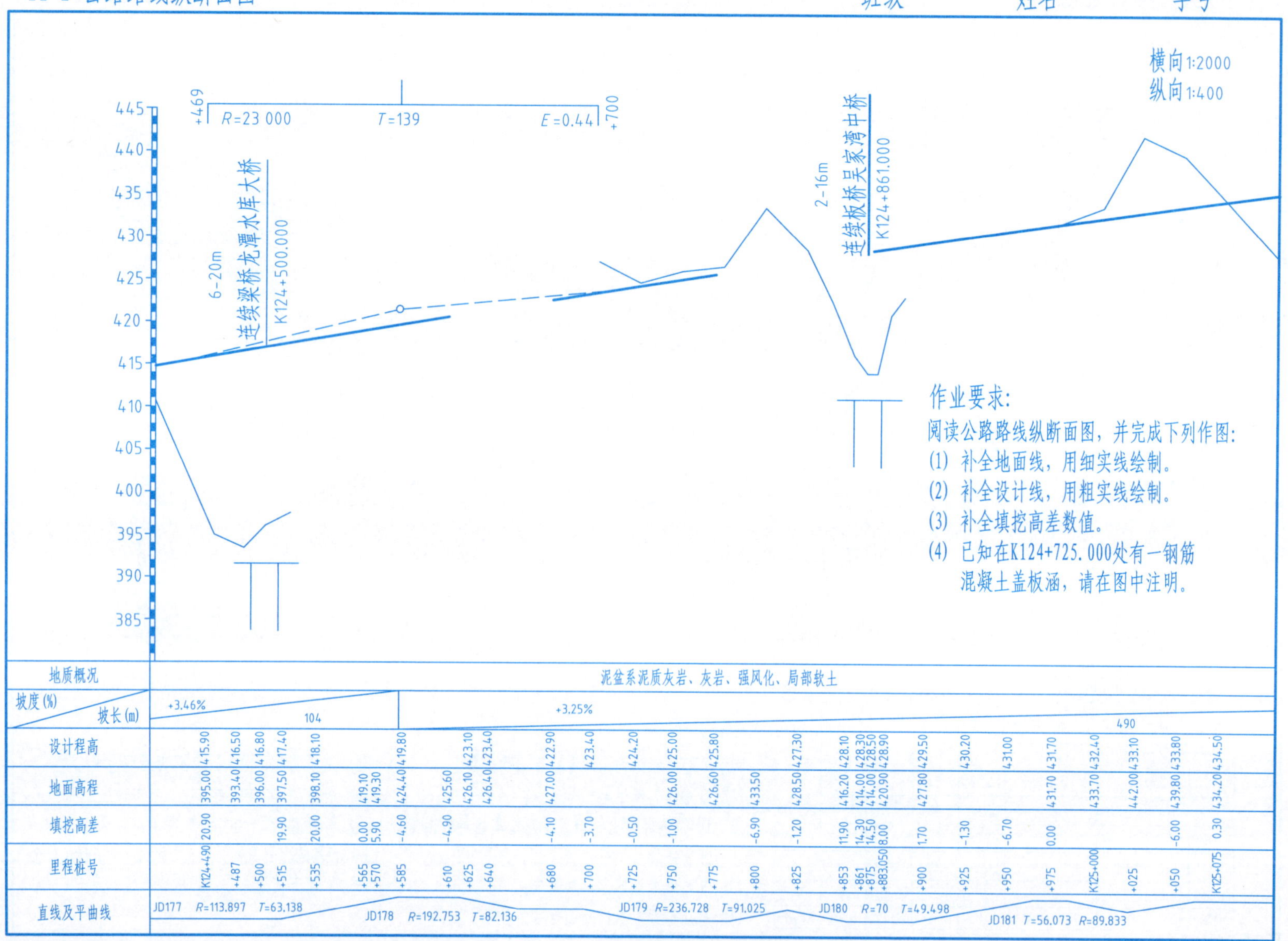

作业要求：

阅读公路路线纵断面图，并完成下列作图：

(1) 补全地面线，用细实线绘制。

(2) 补全设计线，用粗实线绘制。

(3) 补全填挖高差数值。

(4) 已知在K124+725.000处有一钢筋混凝土盖板涵，请在图中注明。

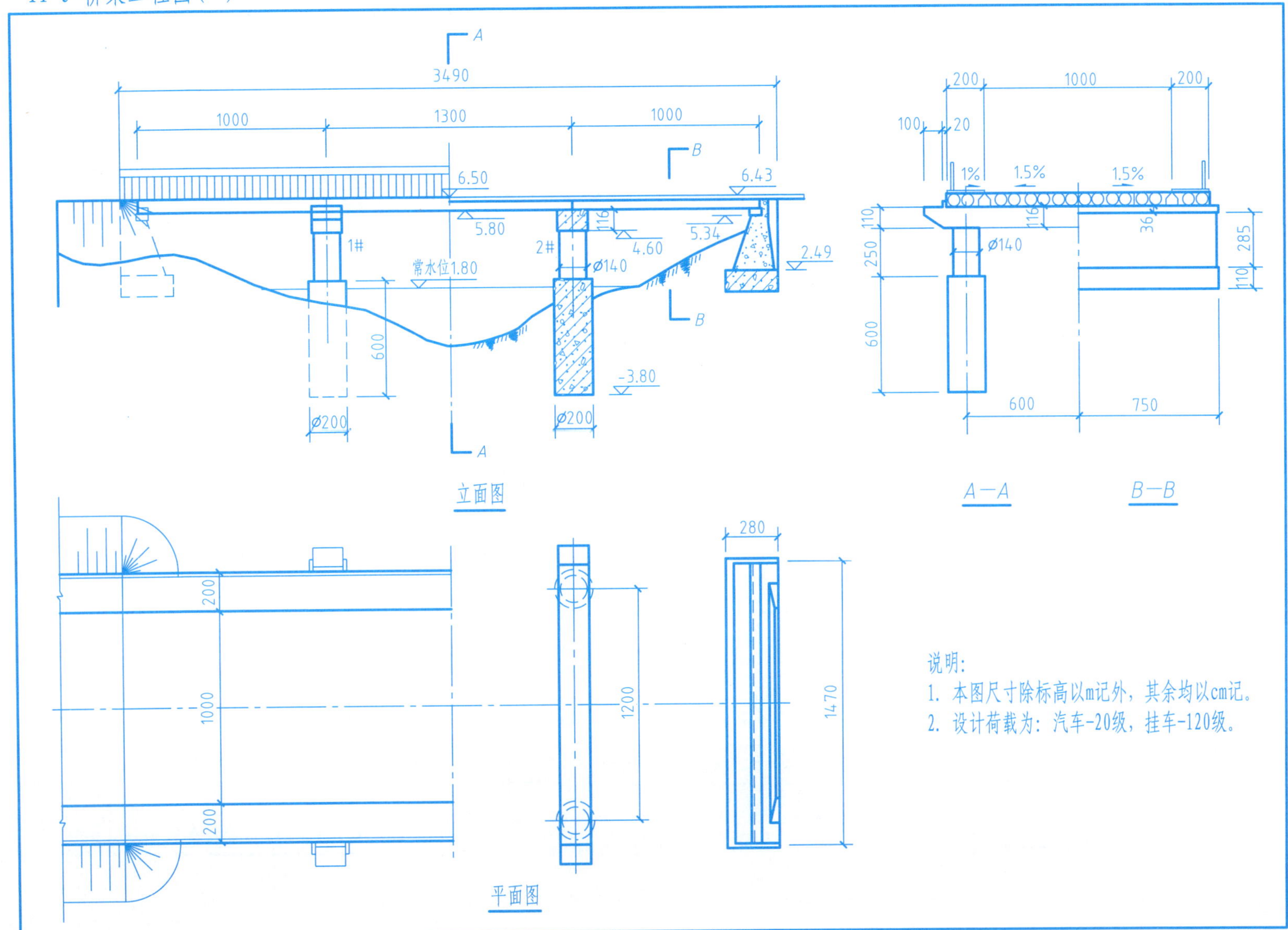

说明：

1. 本图尺寸除标高以m记外，其余均以cm记。
2. 设计荷载为：汽车-20级，挂车-120级。

班级　　姓名　　学号

1650/2
100
20
1410/2
1.5%
30
70
40
116
250
600
100
55
ø140
530
30
70
70
30
500
1
1
600
立面图
160
30
110
10
10
250
30
ø140
30
600
侧面图
600
1—1
桥墩构造图1:50
55
45
50
30
68
10
55
285
40
20
493
110
280
2—2
10
20
1410/2
1240/2
105
10
30
1.5%
30
36
10
3:1
10
1470
台前
台后
115
127.5
1470/2
985/2
2
2
半平面
说明:
本图尺寸单位均为cm。
重力式混凝土桥台构造图1:50

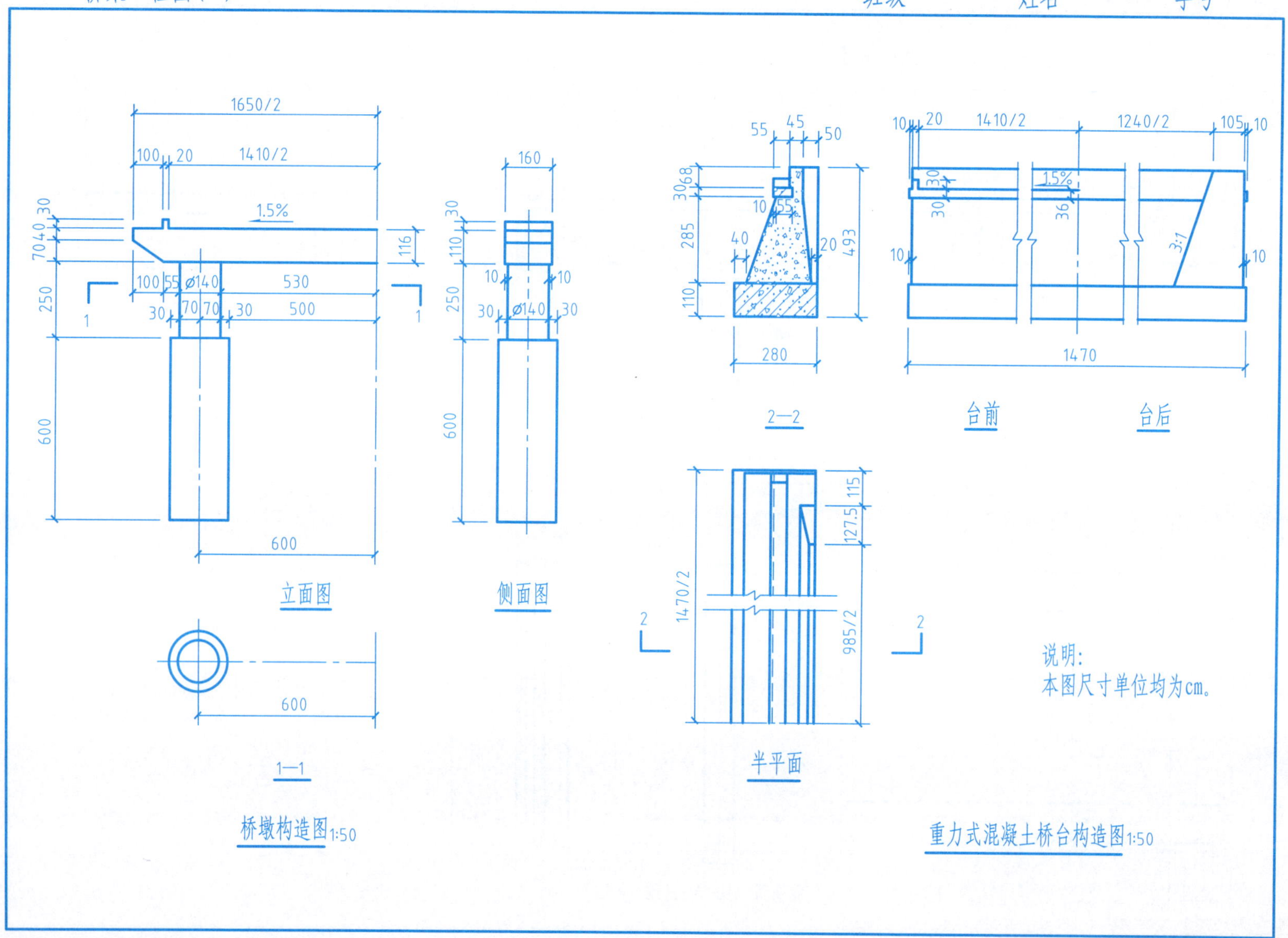

尺规绘图　　绘图指导

一、目的

(1) 熟悉桥梁总体布置图和混凝土结构图的表达内容和绘制要求。

(2) 掌握绘制桥梁总体布置图的方法和步骤。

(3) 掌握钢筋混凝土结构图的绘图步骤和方法。

二、内容

抄绘本习题集第124、125页桥梁总体布置图及抄绘《土木工程制图》教材第11章图11-17主梁骨架结构图及工程数量表。

三、要求

(1) 图纸：A3绘图图纸。

(2) 图名：桥梁总体布置图、主梁骨架结构图。图别：桥梁工程图。

(3) 比例：1∶200。

(4) 字体和符号：各图图名汉字用10号字，拉丁字母和比例数字用3.5号字，尺寸数字用2.5号字，其余汉字用5号字。图纸标题栏中校名、图名用7号字，其余用5号字。

(5) 图线：河床线线宽用0.5mm或0.7mm，其他可见轮廓线线宽用0.25mm或0.35mm，栏杆、支座、尺寸线等用0.13mm或0.18mm。

四、说明

(1) 绘制桥梁总体布置图时，应认真参考阅读相关的构件图，读懂全部内容之后方可开始绘图。

(2) 要注意立面图上重叠的受力钢筋线，净间距为0.5～0.6mm，画图时要注意先从最外面的一条粗线画起，逐渐往里画，保持均匀，避免钢筋线条混淆不清。

(3) 图中未注尺寸处的细部形状和大小，都按目估示意画出。

(4) 钢筋编号的直径采用4～6mm，钢筋弯钩、净距采用夸张放大来画，以清楚为度。

尺规绘图　　绘图指导

一、目的

(1) 熟悉涵洞工程图的一般构造图和隧道进口洞门工程图的图示特点和内容。

(2) 掌握绘制涵洞工程图和隧道进口洞门工程图的方法和步骤。

二、内容

抄绘《土木工程制图》教材图11-21所示的端墙式单孔圆管涵构造图及图11-23所示的涵端式隧道洞门图。

三、要求

(1) 图纸：A3绘图图纸。

(2) 图名：端墙式单孔圆管涵构造图、涵端式隧道洞门图。图别：路桥涵隧工程图。

(3) 比例：1∶50。

(4) 字体和符号：各图图名汉字用7号字，比例数字用3.5号字，拉丁字母用5号字，尺寸数字用2.5号字或3.5号字，其余汉字用5号字。图纸标题栏中校名、图名用7号字，其余用5号字。汉字用长仿宋体。

四、说明

(1) 按A3图幅的规格，用2H铅笔先画图框、标题栏的底稿线，然后按照视图比例布置图纸幅面，要考虑标注尺寸和文字说明的位置。

(2) 涵洞纵剖面图流水坡度为1%，由于坡度较小，为简化作图可采用水平线画出。

(3) 示坡线（细线）用尺均匀画出。

(4) 路基覆土厚度大于50cm，具体数值，根据作图而定。涵洞口的锥形护坡是根据长、短轴半径画四分之一椭圆（中粗线），示坡线（细线）用尺均匀画出。图中未注尺寸处的图形，都按目估示意画出。

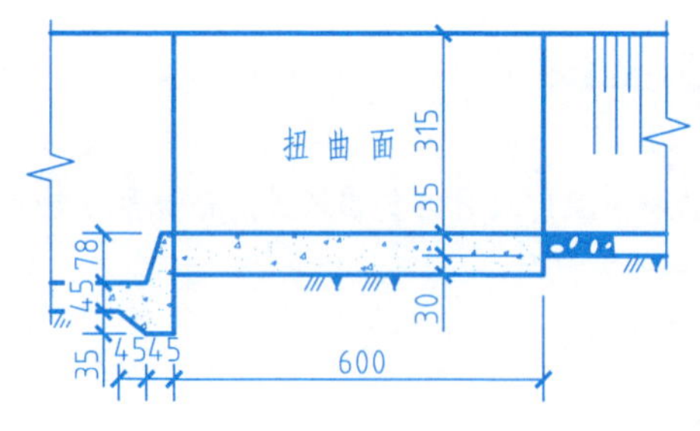

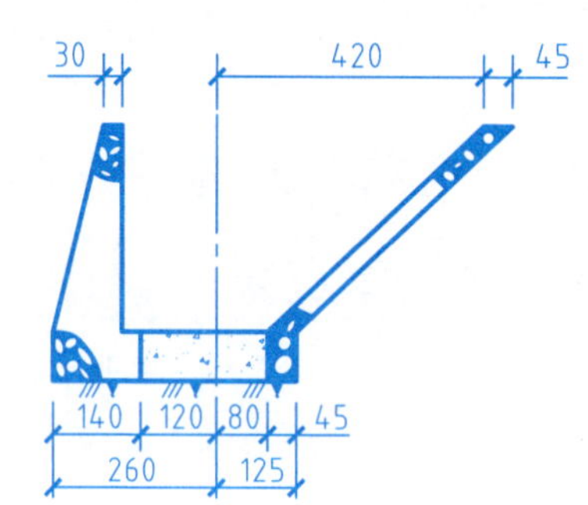

平面图

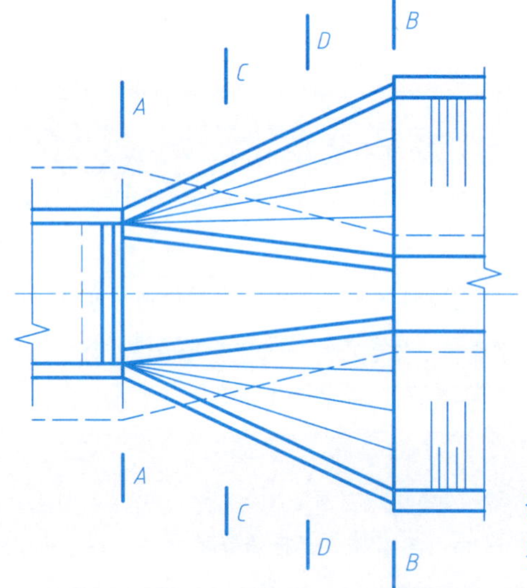

说明：本图尺寸，高程以米计，其余以厘米计。

要求：用A3图纸抄绘渠道的纵剖视图、平面图、A—A断面图、B—B断面图，并标注尺寸；补画C—C断面图、D—D断面图，并标注尺寸；作纵向轴测剖切图（不可见轮廓线用虚线表示）。

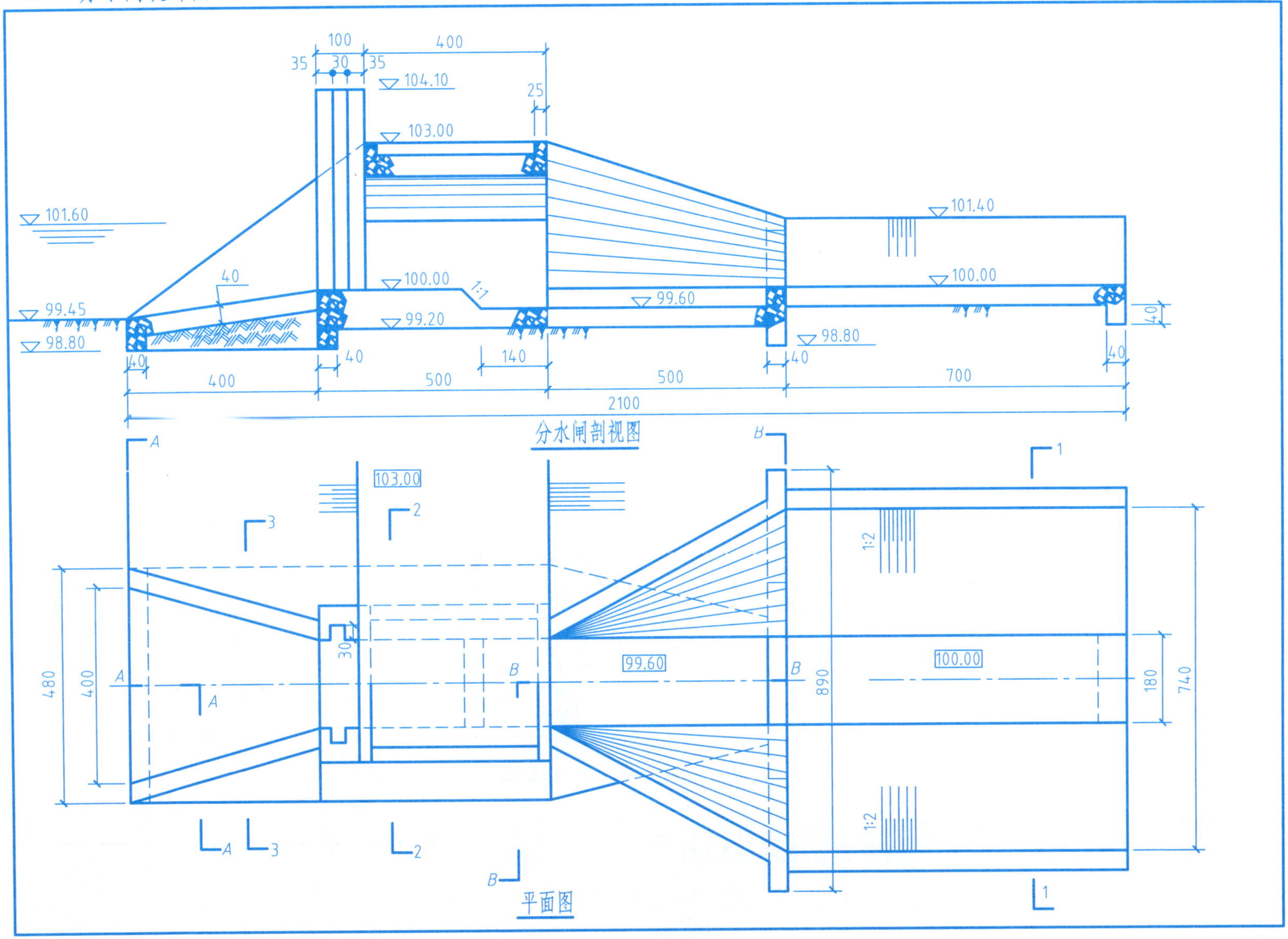

12-2 分水闸设计图(一)

班级　　姓名　　学号

分水闸剖视图

平面图

12-2 分水闸设计图(二)　　　　班级　　　　姓名　　　　学号

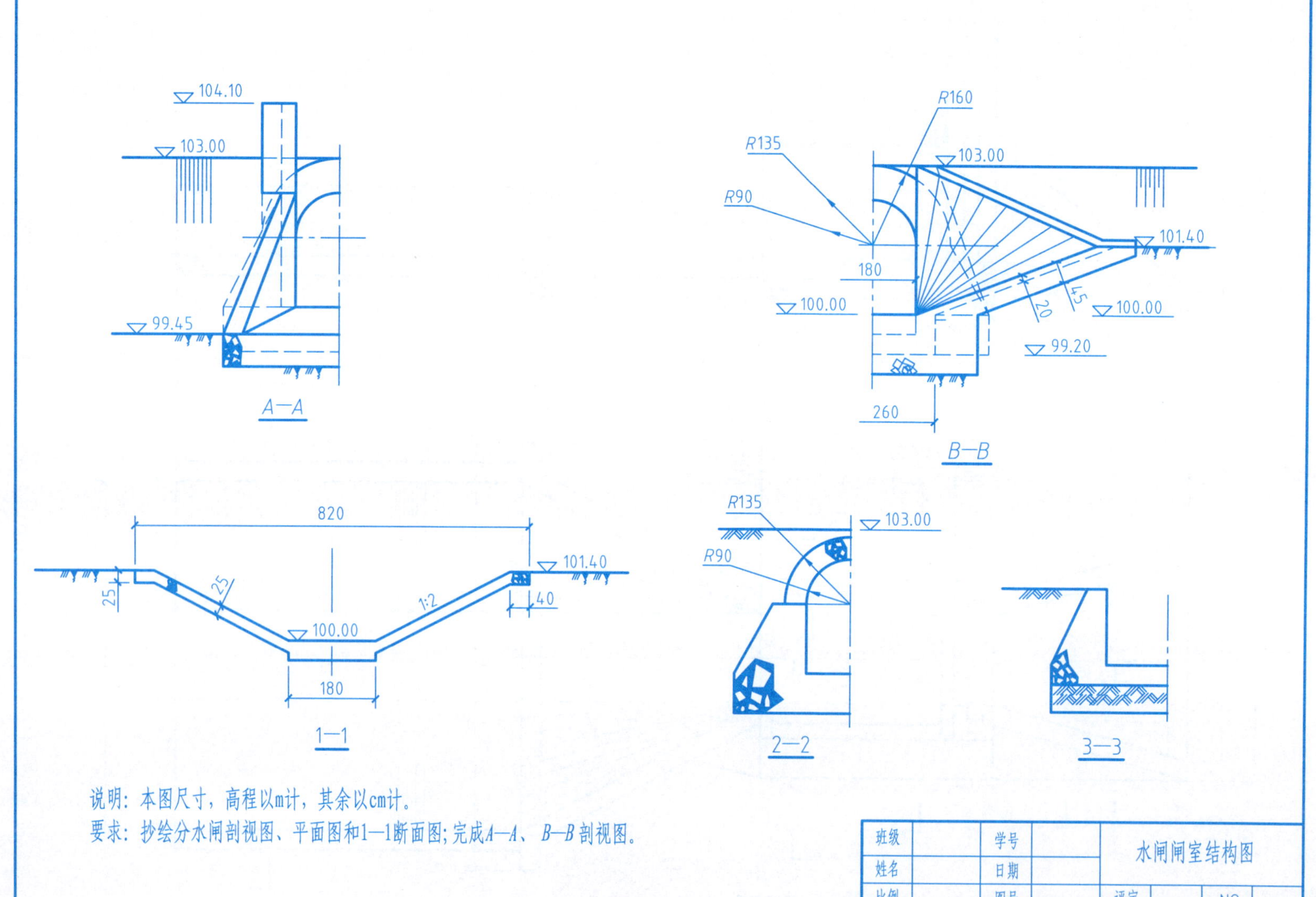

说明：本图尺寸，高程以m计，其余以cm计。

要求：抄绘分水闸剖视图、平面图和1—1断面图；完成A—A、B—B剖视图。

班级		学号		水闸闸室结构图	
姓名		日期			
比例		图号		评定	NO

12-3 溢流大头坝坝顶和闸墩轴测图　　　　班级　　　　姓名　　　　学号

根据溢流大头坝坝顶和闸墩的轴测图，在A3图幅上用1:300的比例，尺规绘出16m宽的坝顶横剖视图、上游立面图、下游立面图和平面图，并标注尺寸。

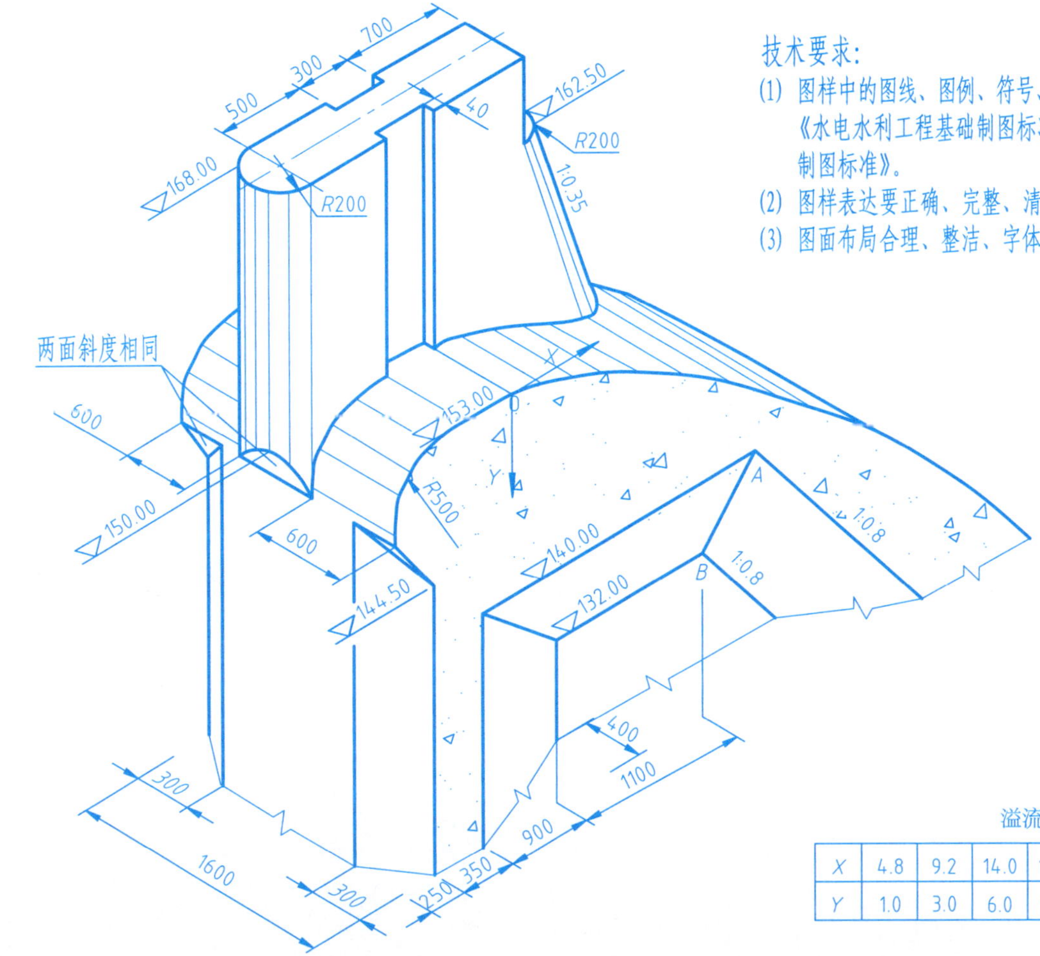

技术要求：

(1) 图样中的图线、图例、符号、字体及尺寸标注等，应符合现行的DL/T 5347—2006《水电水利工程基础制图标准》和DL/T 5348—2006《水电水利工程水工建筑制图标准》。

(2) 图样表达要正确、完整、清晰；尺寸标注要完整、清晰、基本合理。

(3) 图面布局合理、整洁、字体工整。

溢流坝面曲线坐标（m）

X	4.8	9.2	14.0	18.4	22.0	25.4	28.3	31.2	33.8	36.5
Y	1.0	3.0	6.0	9.0	12.0	15.0	18.0	21.0	24.0	27.0

说明：本图尺寸高程以m计，其余以cm计；AB为侧平线。